식물, 같이 키우실래요?

글 | 사진 블랙죠

외목대 달인 블랙죠의
가드닝 노하우

식물,
같이
키우실래요?

심플라이프
contents group

들어가며

인생을 바꾼 여행

7년 전만 해도 나는 '식물'이라고 하면 '죄다 같은 풀때기'라고 생각하는 사람이었다. 더 정확히는 평소 식물이라는 단어조차 떠올릴 일 없는 보통 남자였다. 가끔 아내가 작은 식물을 사오면 '금방 죽을 식물을 왜 사올까?' 하고 의아해하곤 했다. 그러다 2015년 떠났던 한 번의 여행이 내 인생을 송두리째 바꿔놓았다.

당시 한창 철학을 공부할 때여서 여행지는 자연스럽게 파리를 거쳐 그리스로 가는 것으로 정했다. 위대한 성인과 사상가들의 나라를 꼭 한번 가보고 싶었고, 그들이 거닐고 논쟁하던 장소를 직접 보고 느낄 수 있다는 생각만으로 가슴이 벅찼다. 틈틈이 여행지의 동선과 꼭 방문해보고 싶은 곳, 맛집 등을 검색하며 준비했고, 그렇게 떠난 여행을 하루하루 즐기던 중 산토리니에 도착했다.

산토리니는 지금도 눈에 선할 만큼 아름다운 곳이었다. 물감으로 그린 듯한 비현실적인 빛깔의 바다와 태양이 반사되어 반짝이던 에게해. 햇살은 강렬하지만 전혀 불쾌하지 않은 날씨가 마음까지 어루만져주었다. 정해둔 일정이 따로 없었던 여행 마지막 날, 우리는 멋진 풍경을 최대한 많이 남겨두고 싶어 골목골목을 바쁘게 누비며 사진을 찍었다. 그렇게 한참을 돌아다니다 어느 골목에 접어들었을 때, 나는 어떤 나무와 마주하게 되었다.

찰나의 몰입

꼭 막대사탕 같은 나무 두 그루. '저게 뭐지?'

그 찰나의 순간적인 몰입을 아직도 생생하게 기억한다. 만화책에나 나올 법한 비현실적인 둥근 모양, '살아 있는 식물인가?'라는 의심, 그리고 멍하니 바라보던 짧은 시간…. 나는 작은 감탄이나 이쁘다는 말조차 하지 못한 채 사진 몇 장을 찍고 서둘러 자리를 떠났다.

여행을 마치고 일상으로 돌아왔지만 이상하게도 그 나무가 머릿속에서 떠나지 않았다. 사실 그때까지도 나는 그 나무가 올리브나무라는 것도 알지 못했고, 카메라에 담아 온 사진으로 인터넷 검색을 한 후에야 비로소 이름을 알 수 있었다. 참 묘했다. 평소 식물에 관심이라곤 없었는데 그 나무가 갖고 싶었다. 아니 그보다는 옆에 두고 보고 싶었다. 그렇게 뭔가에 홀린 듯 올리브나무를 찾아 나섰다. 하지만 당시엔 올리브나무를 구하는 것이 쉽지 않았고, 간혹 만난 올리브나무라는 것도 이름만 같을 뿐 내가 보았던 막대사탕과는 외양이 크게 달랐다.

○ 산토리니에서 만난 올리브나무

그도 그럴 것이, 요즘은 수입된 올리브나무를 쉽게 볼 수 있지만 2015년 당시만 해도 국내에서 올리브나무 자체를 보기 어려웠다. 유명하다는 곳을 죄다 찾아 다녔지만 내 마음속 올리브나무는 구할 수 없었고, 산토리니에서 본 올리브나무는 누군가 정성껏 모양을 다듬은 것임을 나중에서야 알게 되었다. '가지치기'라는 단어조차 생소했던 나는 거의 포기 상태가 되었고, 그토록 갖고 싶었던 올리브나무 대신 '식물'이라는 모호하고 거대한 대상에 관심을 갖게 되었다.

첫 식물을 들이다

난생처음 식물을 키우고 싶다는 생각이 들었다. 가끔씩 식물을 사오던 아내도 내 제안을 흔쾌히 수락했다.

집 근처 꽃가게를 처음 갔던 날을 잊지 못한다. 그때껏 내 인생에 전혀 없던 세상이 내가 관심을 보이자 다가왔다. 평소 무심히 스쳐 지나갔던 식물들을 하나하나 유심히 들여다보았고, 보면 볼수록 참 신기하고 예뻤다. 마치 어린아이가 세상에 나와 하는 첫 경험처럼 모든 것이 새롭고 설렜다. 그날 처음으로 안고 온 아이는 파키라. 잎 모양이 아기 손처럼 생겨 마치 자기를 데려가 달라고 손짓하는 것 같았다.

그렇게 들고 온 식물을 책상 위에 올려놓고 얼마나 이리 보고 저리 보고 했는지, 지금 생각하면 웃음이 나온다. 말로는 설명하기 어렵지만 생각지도 못한 식물만의 매력이 있었다.

이후로 나는 틈만 나면 꽃시장에 갔다. 집과 꽤 가까운 거리에 꽃시장이 있었지만 평소엔 일부러 찾아갈 일이 절대 없던 곳. 그렇게 찾아간 꽃시장은 별천지였다. 처음 보는 신기한 식물들이 줄지어 가득했고 구경하다 보면 시간이 어떻게 가는지 몰랐다. 다육이라는 귀여운 식물들도 알게 되었는데 그 종류가 워낙 많아 하나둘 사 모으는 재미가 있었다.

'오늘은 꼭 구경만 해야지'라는 마음으로 방문하지만, 나도 모르는 사이 손엔 또 새로운 식물이 들려 있었다. 가끔 빈손으로 돌아올 때도 있었는데 그런 날엔 어김없이 초인종이 울렸다. 너무 커서 들고 올 수 없던 식물이 배송되어 온

것이다.

식물을 좋아하는 사람이라면 누구랄 것 없이 이 과정을 거쳤으리라! 그때 나는 식물을 키웠다기보다는 그저 바라보고만 있어도 좋은 상태였다.

내가 미안해

부끄러운 고백이지만 당시에는 그저 식물에 관심을 갖기 시작했을 뿐, 식물에 대한 이해나 지식이 전혀 없었다. 심지어 식물이 햇빛을 꼭 봐야 한다는 사실조차 알지 못했을 정도로 무지했다. 광합성이라는 말은 학창 시절 생물 시간에나 쓰는 용어로만 여겼을 뿐. 그도 그럴 것이 영화나 드라마를 보면 항상 책상 위 같은 실내에 식물들이 많지 않았던가! '식물은 물만 잘 주면 된다'고 생각했다.

잘 키우고 싶은 마음으로 매일 물을 주기 시작했다. 관엽식물에게도 매일, 다육식물에게도 매일. 지금 생각해보면 참 끔찍한 일이다. 항상 흙이 축축하게 젖어 있는 식물들은 당연히 상태가 점점 안 좋아졌다. 재미있는 것은, 그걸 보고 가슴이 철렁 내려앉으며 '물을 더 많이 줘야 하는구나!'라고 생각해 더 많은 물을 주었다는 사실이다. 그렇게 나의 식물들은 까맣게 변하고 말라가며 하나둘 숨을 거두었다.

'이렇게 매일 관심을 갖고 물을 잘 주는데 왜 이럴까?' 원인을 알 수 없으니 해줄 수 있는 일이 하나도 없었고 마음만 상할 뿐이었다. 뭔가 잘못되었다는 생각이 들었고, 그때부터 본격적으로 식물 키우기에 대한 정보를 수집해나갔다.

이 책은 그렇게 시작된 나의 식물 이야기이다. 비록 7년밖에 되지 않았지만 나의 시간은 아침에 눈뜰 때부터 밤에 눈 감을 때까지, 아니 꿈속에서조차 식물과 함께였다. 올리브나무 한 그루에서 시작된 식물 생활이 이제 하나의 수행이자 생활, 인생 자체가 된 것이다. 식물은 살아 있는 생명이기에 조립식 완구처럼 설명서를 보면서 정확히 맞출 수 있는 게 아니고, 무수한 이론들 역시 일률적으로 적용할 수 없다. 그럼에도 먼저 지나온 분들의 연구와 경험이 쌓인 덕에 실패를 최소화할 수 있게 되었다.

내가 식물 초보자였을 때를 잘 기억하고 있다. 잘 키우고 싶은데 이유도 알지 못한 채 식물이 죽어나갈 때의 안타까움과 답답한 마음, 동시에 미안한 마음까지. 새순만 하나 나와도 감탄을 하며 바라보던 몰입의 시간, 가끔은 위안이 되기도 했던 모든 순간들을 기억한다.

책을 내자는 제안을 받았을 때 과연 이런 책이 필요할까 하는 생각도 들었지만, 그동안 내가 시행착오를 통해 알아온 정보를 식물을 좋아하는 누군가에게 알려주고 싶다는 마음이 컸다. 과거와 달리 이미 수많은 정보가 있다는 걸 안다. 당장 몇 글자만 검색해도 식물 전문가들의 노하우와 멋진 식물들이 넘쳐난다. 하지만 몇 분짜리 영상으로는 풀리지 않는 궁금증을, 또 좀 더 근본적인 얘기를 체계적이고 일목요연하게 풀고 싶다는 욕심이 생겨 용기를 냈다.

초심자 누구에게나 도움을 줄 수 있도록 간결하고 쉽게 핵심만 담고, 최대한 나의 경험을 바탕으로 작성하기 위해 노력했다.

지금 이 순간에도 식물 세계에 첫발을 들인 누군가, 막 펼쳐지려는 새순 앞에서 그 미묘함에 반하게 될 어떤 이, 나아가 식물을 좋아하는 모든 이의 식물 생활에 작게나마 도움이 될 수 있기를 바란다.

2022년 봄

블랙죠

ㅇ 그 이름을 알게 된 지 4년 후 나의 올리브나무

◦ 이제는 삶의 일부가 된 식물들

차례

5 들어가며

제1장 식집사가 되기까지

19 미친 듯 빠져든 식물 생활
23 나만의 온실을 마련하다
27 온실의 1년을 소개합니다
33 베란다에서 사계절 보내기
37 식물이 준 선물

제2장 초보자를 위한 식물 생장 기본 원리

43 우리는 광합성을 하며 살아!
46 넌 어디에서 왔니? - 원산지를 알면 식물이 보인다
50 똥손이라고 낙심하는 사람들에게 - 당신 잘못이 아니에요

제3장 식물 키우기의 기본

55 물 주기 - 식물 키우기는 물 주기 3년?
64 분갈이, 직접 해볼까?
73 흙을 알자 - 어떤 흙에 심어야 할까?
85 비료 주기 - 뭘 먹여줄까?

제4장 새로운 개체 만들기

97 삽목의 기본 알아보기
101 삽목과 삽수 만들기
· 지피 삽목 101 · 수태 삽목 106 · 물꽂이 108 · 취목 110 · 포기 나누기 113

제5장 원하는 대로 수형 만들기

119 가지치기의 방법과 원리
123 외목대 만들기

제6장 도시 가드너를 위한 환경 만들기

129 햇빛 보충해주기
133 통풍, 환기해주기
135 습도 맞추기
137 우리집 방향에 맞는 식물 고르기
141 우리집의 반양지, 반음지는 어디일까?
143 간편하게 우리집 조도 측정하는 법

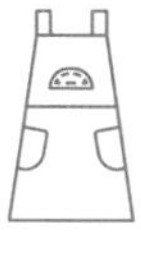

제7장 너 어디 아프니?

149 병충해에 관한 FAQ
152 자주 생기는 병충해 종류와 방제법
• 진딧물 153 • 깍지벌레 155 • 총채벌레 157 • 응애 159 • 온실가루이 161 • 뿌리파리 162 • 톡토기 164 • 곰팡이/세균성 질병 165

제8장 내 식물 친구들을 소개합니다

곁에 하나쯤! 추천 실내 식물
• 몬스테라 171 • 홍콩야자 177 • 공중식물 181 • 고무나무 186 • 필레아 페페로미오이데스 190 • 필로덴드론 192 • 베고니아 196

알아서 쑥쑥 자라는 쉬운 식물
• 싱고니움 201 • 스파티필름 204 • 수박페페 206 • 아글라오네마 208 • 스킨답서스 210 • 피쉬본 선인장 212 • 크루시아 214 • 금전수 216 • 호야 218 • 스투키 221 • 고사리 223 • 야자나무 226

예쁘지만 까칠한 식물
• 칼라데아 231 • 칼라디움 236 • 알로카시아 242

베란다 & 야외 식물
• 올리브나무 247 • 율마 250 • 철쭉 255 • 유칼립투스 258 • 장미허브 260 • 피어리스 264 • 칼랑코에 266 • 콜레우스 269 • 페라고늄 272 • 로즈마리 275 • 목마가렛 279 • 소포라 281 • 모나라벤더 284 • 라일락 286 • 산토리나와 커리플랜트 288 • 가문비 291 • 다육식물 294

손 안의 작은 정원, 테라리움
• 테라리움 만들기 299

제9장 알아두면 유익한 소소한 팁

305 쎄하면 엎어라
307 빨리 발견하면 살릴 수 있다
309 습한 장마철, 안전하게 물 주기
310 뿌리가 예민한 식물을 위한 분갈이 요령
313 식물에 맞는 화분 고르기
318 빗물은 보약
321 철사로 수형 교정하는 법
324 블랙죠, 궁금해요! _ 1문 1답

330 마치며

제1장

식집사가 되기까지

첫 식물부터 온실에서 키우기까지

불과 7년 전만 해도 짐작조차 하지 못했다.
내가 이렇게 많은 식물들과 함께하면서 새로운 세상을 만나게 될 줄은.
게다가 요즘은 식물 속에서, 그들과 더불어 살아갈 꿈을 꾸고 있으니,
인생 참 알다가도 모를 일이다.

미친 듯 빠져든 식물 생활

무식하면 용감하다고 했다. 화원 앞에 서 있는 율마가 예뻐 보여 혼자는 외로울 것 같아서 두 그루를 사 왔다. 나는 곧장 분갈이 흉내를 내기 시작했다. 옥상으로 가져가 율마의 머리(잎 부분)를 잡고 화분에서 꺼내 뿌리를 바닥에 쿵 내리쳤다. 여기저기 흙이 튀며 콩벌레 몇 마리가 기어 나왔다. 흙이 다 떨어져 나가고 뿌리만 남은 율마를 보니 내심 흡족했다. 벌레까지 처치했으니 깔끔하게 키울 수 있을 것 같았다. 화분에 새 흙을 채워주고 책상 위에 올려두었다.

나의 첫 율마는 이틀을 넘기지 못하고 그렇게 가버렸다.

벌레가 싫어! 흙을 소독하다

책상 위에 둔 율마를 보고 있는데 뭔가 움직임이 느껴졌다. 가까이 들여다보니 눈에 띄지 않을 정도로 아주 작은 것이 흙 속에서 바삐 움직이고 있었다. 헉, 생각지도 못한 상황. '분명히 새 흙에 심었는데 대체 어디서 나온 걸까.' 나는 새 흙을 의심했고 잠시 고민하다가 다시 분갈이를 해주기로 결심했다. 가스 버너와 큰 찜통을 챙겨 옥상으로 올라갔다. 찜통에 흙을 넣고 불을 붙여 흙을 볶아주었고(그렇다, 마치 커피콩을 볶듯) 수증기가 피어나는 모습을 보고 다시 한 번 만족의 미소를 지었다. '이제는 괜찮겠지?' 하고 안도하며 뜨거워진 흙을 충분히 식혀 다시 분갈이를 했다. 과연, 정체불명의 벌레는 며칠간 보이지 않았고 '앞으로 모든 흙은 열처리를 해야겠다'고 다짐을 하는 찰나… 뭔가가 움직였다. 이럴 수가!

당시엔 몰랐지만 그 벌레는 분명 톡토기였을 것이다. 물론 지금도 나는 해충을 좋아하지 않는다. 하지만 좀 변한 건 있다. 피해 여부에 따라 적절히 타협하는 융통성이 생겼달까.

인간은 인위적인 자연 환경을 만들어 식물을 키우고, 생물들은 자신에게 맞는 환경을 자연스럽게 찾아온다. 그러면 우리는 눈에 불을 켜고 방제에 매진한다. 마지막 한 놈까지 찾아 없애겠다는 기염을 토하며. 그런데 과연 그래야 할 일일까? 식물을 보호하기 위해 어쩔 수 없이 방제를 하는 것이지, 해충들을 그렇게까지 혐오할 필요는 없지 않을까 싶다. 내 경우 이제 집 안에서 키우는 식물은 더 신경을 쓰되, 개체수가 많지 않다면 큰 피해를 주지 않는 톡토기 정도는 눈감아주는 여유가 생겼다.

식물 본격적으로 알아가기

당시 꽃시장을 자주 방문했다. 파키라를 시작으로 율마, 양골담초, 다육식물 등으로 점점 종류를 늘려나갔다. 특히나 수도 없이 다양한 다육식물이 늘 발길을 붙들었는데 심지어 가격도 저렴해서 모아나가는 재미가 있었다. 다육식물은 크기가 작아 여러 개를 사 와도 늘 부족한 느낌이었다. 식물이 많아질수록 책임감이 생겼고 부지런해졌다. '너희는 주인 잘 만난 거야. 나만 믿으라고!'그렇게 잘 키우고 싶은 마음에 매일 아침 눈을 뜨면 물부터 챙겨 줬다. 그러나 결과는 참혹했고 나는 왜 식물이 죽어 나가는지 도무지 알 수가 없었다.

정성을 들였는데도 식물이 자꾸 죽자, 나는 무언가 잘못되었다는 생각에 인터넷 정보들을 검색하고 수집했다. 고맙게도 먼저 경험한 분들이 올려놓은 정보가 많이 있었고 그렇게 조금씩 식물의 세계를 알아가기 시작했다. 아침부터 저녁까지 오로지 식물 생각뿐이었다. 신기하게도 그 과정이 전혀 지루하지 않았고 오히려 재미있었다. 그런데 식물에 관한 정보들을 읽어가다 보니 서로 충돌하는 내용이 많았고 하나의 현상을 두고 많은 추측과 경험들이 뒤섞였다. 왕초보인 나로

○ 눈길을 사로잡았던 사랑스러운 다육이들. (왼쪽부터) 에스테그놀, 천대전송, 파랑새, 비취 후리데

서는 적잖이 혼란스러웠지만, 이 역시 지금 생각해보면 다 맞는 말이다. 서로 키우는 환경이 다르기 때문에 결과물이 다르게 나타난 것이다. 사람들의 경험을 참고하고 직접 경험하다 보면 자신에게 맞는 답이 나온다.

이후 생물학이나 식물학 서적을 찾아보기도 했지만 대학 전공 교재로 쓰이는 책들은 도무지 무슨 말인지 이해할 수 없었다. 하지만 신기하게도 경험이 하나씩 늘어갈수록 깨달음도 늘어갔다. 모르던 것들이 불현듯 이해되는 일도 잦아졌다. 그러면서 자연스레 알게 되었다. 정보나 지식 없이 오로지 경험만으로 알아가는 건 비효율적이며, 경험 없는 지식은 큰 도움을 주지 못한다는 것을 말이다.

알면 알수록 재미있는 세계

아는 만큼 보인다고 했던가? 첫 목표는 집으로 들인 식물을 죽이지 않고 지켜내는 것이었지만 이론과 경험이 쌓일수록 다른 세상이 보였다. 화원에서 사는 방법 말고 자체 번식도 가능하다고? 알고 나니 슬슬 욕심이 생겼다. 첫 삽수를 만드는 날, 손에 들린 칼날이 떨리고 있었다. 가지치기의 원리를 알기 시작하고 처음으로 피어리스의 가지를 하나하나 잘라주던 기억도 생생하다. 가지를 잘라주고 새순이 어떻게 자라 나오는지를 잘 관찰해야 한다. 많은 종류의 가지들을 잘라보고 새순이 나오는 모습을 지켜보니 거기엔 절대 벗어나지 않는 법칙이 있었다. 지금은 너무 당연하게 여기지만 그때는 알지 못했다.

◦ 2015년 첫 가지치기를 시도했던 피어리스. 당시엔 나름대로 만족했던 결과물이다.

◦ 2016년 가지치기해준 애니시다

가장 중요한 건 원리

어디서 자주 들어본 말이다. 식물을 키우는 데에도 이 말이 고스란히 적용된다. 식물 하나하나의 정보를 외우기보다 식물의 생장 원리를 이해하는 것이 훨씬 중요하다. 어렵게만 느껴지던 식물 키우기가 어느 정도 이해되는 동시에 재미있고 수월해진 건 바로 원리를 깨달으면서부터다.

기본은 자생지 파악이다. 전혀 달라 보이는 식물들의 자생지를 비교해보며 어떻게 이런 모습으로 자랐는지, 어떤 원리로 광합성을 하는지를 생각해보면 식물에 대한 이해가 깊어진다. 특별한 정보 없이도 생김새만으로 어느 정도 추측할 수 있게 되고 더러 실패했다 해도 원리를 생각하면 같은 실수를 반복하는 일이 현저하게 줄어든다.

나만의 온실을 마련하다

주택에서 아파트로

당시 나는 주택에 살고 있었다. 2층짜리 작은 주택이었는데 운 좋게 옥상을 혼자 쓰는 특권을 얻었다. 식물이 빠르게 늘어났고 빛과 바람을 충분히 받은 식물들은 없던 새순이 하루아침에 돋아날 만큼 왕성하게 성장했다. 아마 옥상이라는 환경이 내가 식물에 대해 더 알고 싶도록 재미를 준 토대가 되지 않았나 싶다. 하지만 고충도 있었다. 옥상은 식물에게 더할 나위 없이 좋은 환경이었지만 겨울에는 모든 식물을 실내로 들여야 했다.

식물을 키우기 시작한 지 일 년쯤 지났을 때 아파트 입주가 결정되었다. 그러고 2년 뒤 겨울에 아파트로 이사를 했다. 하필 겨울이라 난감했다. 그동안 200개 이상으로 늘어난 식물들을 하나하나 조심스럽게 포장해야 했다. 무거운 시멘트 화분에 심은 벵갈고무나무와 덩치 큰 율마 등 혼자 옮기기 어려운 큰 식물들도 다수 있었다. 수도 없이 옥상 계단을 오가며 식물들을 직접 옮겼다. 식물을 애지중지하는 사람은 누구나 이 마음을 충분히 이해하리라. 건강하던 잎에 상처라도 생길세라, 줄기가 꺾일세라, 뿌리가 흔들릴세라, 화분이라도 깨지면 어쩌나, 노심초사도 그런 노심초사가 없었다. 별도의 차량을 불러 기사님과 충분히 상의한 후 조심조심…. 그렇게 몇 시간에 걸쳐 식물 이사를 끝내고 나서야 살림 이사가 진행됐다.

예상은 했지만 자그마한 아파트 베란다는 발 디딜 틈 하나 없이 식물로 꽉 찼고 거실, 작은방, 주방, 심지어 보일러실까지 창이 있는 공간은 전부 식물이 차지했다. 하지만 해가 잘 들지 않는 창도 있고, 수돗가도 없어 물 한번 주려면 대이동을 해야 하니 몸도 고단하고 시간도 많이 걸렸다. 비효율도 그런 비효율이 없었다. '이런 식으로는 도저히 이 아이들을 제대로 관리할 수 없어.' 나는 깊은 고민에 빠졌다.

비닐하우스를 찾아서

긴 고민 끝에 내린 결론은 '온실에서 식물을 키우자'였다. 다행히 아내는 내 결정에 흔쾌히 찬성해주었다. 그때 나를 믿고 도와준 아내가 없었다면 오늘의 나도 없었을 것이다.

모든 가드너들의 꿈은 멋진 유리온실일 테지만 현실적으로 어려움이 많기에 비닐하우스를 알아보기로 했다. 최대한 집에서 가까운 곳을 원했으나 집이 있는 서울에서 점점 멀어졌고, 생각처럼 비닐하우스 한 동 임대하는 것도 쉬운 일이 아니었다. 마땅한 자리가 드문 데다 간혹 발견하면 비용이 만만치 않았고, 비용이 맞으면 환경이 맞지 않았다.

겨울에 시작해 5개월 넘게 발품을 팔았지만 단 한 동의 비닐하우스도 구하지 못했다. 슬슬 지쳐가던 4월, 집에서 차량으로 40분 정도 떨어진 곳에서 비닐하우스 한 동을 발견했다. 창고로 쓰이며 오랫동안 방치된 곳으로, 많이 낡아 수리가 필요해 보였다. 드디어 구했다는 기쁨도 있었지만 어디부터 어떻게 손대야 할지 막막했다. 그래도 햇살이 드는 온실에서 식물을 키우고 싶은 마음이 너무 컸고 다른 선택지가 없었기에 곧장 계약을 했다.

막상 원하던 비닐하우스를 가지고 보니 이건 식물 키우기와는 완전히 다른 영역이었다. 비닐 교체와 전기 공사, 바닥 공사, 청소 등 대작업이 기다리고 있었다. 지금이라면 일주일이면 끝냈을 일이지만, 모든 걸 몸으로 부딪치며 알아가던 때였기에 두 달 가까운 시간이 걸렸고 이후로도 계속 예기치 못한 보수 공사를 해야 했다.

2018년 봄, 드디어 집에 있던 식물들을 온실로 옮기기 시작했다. 이제 와 고백하지만 사실 나는 새 아파트로 이사할 때보다 비닐하우스를 마련했을 때가 더 기분 좋았다.

온실 생활의 시작

그렇게 나는 식집사라면 누구나 꿈꿔볼 만한 온실을 갖게 되었다. 물론 비닐하우스를 얻고 수리하고 정리하던 모든 과정은 무척 고됐지만 하루하루가 배움의 연속이었고 헛된 시간이 아닌 소중한 경험으로 남아 있다. 비닐하우스는 시간이 지남에 따라 내가 원하는 모습으로 변해갔고, 사계절을 거치면서 더욱 활기를 띠었다.

먼저 구역을 반으로 나눠 서로 다른 환경에서 자라는 식물들끼리 구분, 분리했다. 한쪽에는 허브나 목본류(나무)를, 다른 한쪽에는 열대성 관엽식물들을 배치했다. 성장하는 계절과 비료 시기, 햇빛 차광 등의 특성이 서로 다르기 때문에 구역을 나눠 키우는 것이 좀 더 수월하고 효과적이다.

식물을 키우는 사람들은 대부분 온실에서 식물을 키우는 것 자체만으로도 부럽다고 말한다. 그리고 당연한 수순으로 다양한 질문을 해 온다. 그때마다 모든 걸 다 설명할 수는 없지만 분명한 것 하나는 있다. 온실에서 식물을 키우는 일도 결코 만만치는 않으며, 좋은 점만 보고 시작한다면 얼마 못 가 포기하게 될 거라는 사실이다. 엄청난 시간을 쏟아 부으면서 그만큼의 정신적, 육체적 노동이 뒤따를 것을 각오해야 한다. 그 모든 걸 기꺼이 감수하고 남을 정도로 식물에 대한 애정이 크다면, 온실 생활을 적극 추천한다.

◦ 비닐하우스와의 첫 만남

◦ 비닐 교체와 바닥 공사 준비

◦ 초창기 수리를 막 끝낸 비닐하우스

◦ 집에서 옮겨 와 자리를 잡기 시작한 화분들

◦ 천장의 비닐을 걷어내고 차광막 없이 직사광선을 받는 식물들

온실의 1년을 소개합니다

1년에 사계절이 있는 우리나라는 어쩌면 식물 키우기에 썩 좋은 환경은 아닐지 모른다. 더운 나라에서 온 관엽식물들은 혹독한 겨울에 온도를 맞춰주지 못하면 한 번에 떼죽음을 당하기 십상이고 건조한 환경을 좋아하는 식물들은 습도가 높은 장마철을 견디지 못하고 하루아침에 쓰러지기도 한다. 하지만 바꿔 생각해보면 계절마다 제각기 매력과 특성이 있어 색다른 기쁨을 안겨주기도 한다. 온실에서 맞이하는 사계절은 어떤 풍경을 담고 있을까.

봄(3~5월)

주요 할 일: 겨우내 묵은 잎 정리 / 분갈이 / 비료 주기 / 번식

언 땅을 뚫고 만물이 소생하는 계절, 봄. 온실 속 봄은 조금 더디게 온다. 온실이라 부르지만 사실 필자의 비닐하우스는 냉실이라 해도 무방할 정도다. 낮에 해가 들어올 때는 따스하지만 저녁이 되면 급격하게 온도가 내려가, 온풍기를 돌려주고 연탄난로를 피워도 아파트 베란다보다 훨씬 춥다. 본격적인 봄으로 접어드는 4월에도 새벽에는 온실 속 기온이 10도를 밑돈다.

봄엔 두 가지 풍경이 펼쳐진다. 블루아이스나 유칼립투스처럼 우리가 흔히 나무라 부르는 목본류들은 겨울잠에서 깨어나 성장을 시작하고, 봄에 꽃을 피우

◦ 4월, 아침에 문을 열고 마주친 팥꽃나무 자태

는 철쭉, 팥꽃나무, 라일락, 옥매 등은 하나둘 꽃을 보여주기 시작한다.

아침에 온실 문을 열고 들어갔을 때 꽃이 만개한 식물을 보면 온 마음이 빨려 들어가 넋을 놓고 한참을 바라보게 된다. 몰입이 일어나는 순간이다. 농부가 수확의 기쁨을 위해 농사를 짓는다면 나는 이런 순간을 위해 식물을 키운다고 해도 과언이 아니다. 그때의 희열은 긴 겨울 내내 하루에 몇 번씩 연탄을 갈아주던 수고를 다 녹여버리고도 남을 만큼 강력하다.

반면 반대편에 놓인 열대 관엽식물들은 아직 잠에서 깨어나지 않은 상태다. 오히려 냉해를 방지하기 위해 5월까지 밤에는 온풍기를 돌려주어야 한다. 이처럼 서로 다른 환경에서 자라는 식물들을 한 공간에서 키워야 하는 문제가 가장 어렵다. 해가 밝아오면 나무들을 위해 천장을 열어주고 맑은 공기와 햇빛을 안겨주고 싶지만 찬바람이 열대식물에게는 냉해를 입힐 수 있기 때문에 꾹 참아야 한다.

봄은 식물이 겨우내 얼어 죽지 않도록 적정 온도를 유지하느라 애쓰던 마음이 다소 여유로워지고 긴장이 풀리는, 본격적으로 시작될 가드닝에 마음이 설레는 계절이다.

여름(6~8월)

주요 할 일: 가지치기 / 병충해 방제 / 온도 관리 / 폭염, 장마 대비

여름은 바야흐로 관엽식물의 계절이다. 여름이 시작되면 그동안 움츠리고 있던 열대 관엽식물들이 기지개를 켠다. 아파트 베란다나 실내라면 본격적인 성장이 봄에 시작되지만 밤 기온이 낮은 비닐하우스는 초여름이 되어서야 시작된다. 이 시기에는 새순과 새잎이 속속 나오고, 조금 과장을 하자면 하루 만에도 자란 걸 느낄 만큼 성장이 빠르기 때문에 그걸 지켜보는 것만으로도 신이 난다.

여름은 더운 날씨 특성상 많은 꽃을 볼 순 없다. 하지만 일 년 중 가장 풍성한 녹색의 풍경이 펼쳐지고 동시에 제일 바빠지는 시기이기도 하다. 여름에는 온실의 온도가 높게 올라가고 그에 따라 식물들의 물 소비량이 큰 폭으로 늘기 때문에 매일 물을 줘야 하는 식물들도 늘어난다. 또한 외부에서 유입되는 해충의 활동이 활발한 시기라 방제에도 힘을 쏟아야 하고, 훌쩍 자라는 식물들의 수형을 잡아주고 가지치기도 해줘야 한다.

한편 장마와 폭염, 또 태풍이라는 복병들이 있기 때문에 긴장을 늦출 수 없다. 사실 나는 식물을 키우기 전에는 날씨에 크게 신경을 쓰지 않았다. 하지만 지금은 모든 자연현상이 초미의 관심사다. 미리 대비를 해야 혹시 모를 피해를

◦ 여름이 되면 폭풍 성장을 하는 열대 관엽식물들. 하루 만에 새잎을 쑥 내주기도 한다.

막을 수 있기 때문이다.

최근 날씨 변화를 두고 '역대급'이라는 표현이 자주 등장한다. 필자의 경우 온실 생활 첫해에 '역대급 폭염'이 닥쳤고, 이듬해에는 '역대급 태풍(횟수)'이, 그 다음 해에는 '역대급 장마'가 왔다. 이를 아주 긍정적으로 표현해본다면 세 번의 역대급 여름을 치르면서 그만큼 식물을 지켜내는 경험치가 쌓였다고 하겠다.

자연재해는 그 무엇도 만만한 게 없지만 비닐하우스의 경우 가장 걱정되는 재해는 태풍이다. 아무리 단단하게 고정을 하고 준비를 해도 강한 바람에는 속절없이 당하고 만다. 철저히 대비를 해주고도 집에서 태풍이 지나가길 기다리다 보면 한 시간이 하루처럼 길게 느껴진다. 휭휭 바람 소리가 거칠어지면 내 심장도 함께 쪼그라들지만 할 수 있는 일이 없어 그저 무사히 견뎌내길 기도할 뿐이다. 태풍이 지나고 온실로 달려가는 시간, 탈 없이 버텨준 식물들을 보면 안도의 한숨과 함께 감사의 마음이 생기고 의욕과 재미가 새롭게 솟구친다.

가을(9~11월)

주요 할 일: 비료 주기 / 가지치기 / 월동 온도별 식물 분류 작업

가을에도 두 가지 모습이 펼쳐지는데, 더위에 지쳐 있던 식물들이 다시 성장을 시작하고 여름에 가지치기한 식물들이 제일 멋진 모습을 뽐낸다. 특히 선선한 기온과 강한 햇빛을 좋아하는 허브식물들은 여름 동안 힘들어하던 모습과 다르게 생기를 띠기 시작한다. 봄, 여름, 가을은 각각 잘 자라는 식물이 다르기 때문에 더 많은 관심을 받는 식물들 역시 다르다. 성장하는 식물에게는 가을 비료도 주고, 예쁜 모습을 남기고픈 마음에 사진도 찍어둔다.

가을은 식물을 키우기에 아주 좋은 계절인데 너무 짧아서 참 아쉽다. 물론 실내에서는 조금 더 오래 가을을 즐길 수 있고, 정남향의 베란다라면 태양의 고도가 낮아져 깊숙이까지 햇살이 들어오기 때문에 본격적인 가드닝이 시작된다. 아직 한낮의 기온은 높지만 새벽 기온이 떨어지기 시작하면 열대 관엽식물들은 성장이 주춤하고 온도가 20도 밑으로만 내려가도 새순이 작아지고 성장을 아예 멈추기도 한다. 겉보기론 가을이 한창인 것 같지만 겨울을 준비해야 하는 시기이기도 하다.

○ 2020년, 온실에 전기 온풍기를 설치했다. 열기를 멀리까지 보내기 위해 비닐 덕트를 사용한다.

비닐하우스 온실은 바람을 직접 맞는 곳은 아니라 식물들이 웬만한 추위에도 잘 버틴다. 하지만 열대식물들은 한번 냉해를 입으면 다시 제 모습을 찾기까지 아주 오랜 시간이 걸린다. 몇 해 경험을 쌓은 나는 2020년, 처음으로 온실 속에 온실을 만들어 열대식물들에게 선물했다. 이 공간에 전기 온풍기를 작동하면 따뜻하게 겨울을 날 수 있겠다 싶어 해봤지만 생각만큼 큰 효과를 보지는 못했고, 지금은 연탄난로를 추가해 냉해 없이 무사히 겨울을 나는 것을 목표로 삼고 있다. 보기엔 좋지만 참 여러모로 손이 많이 가고 부지런을 떨어야 겨우 관리가 되는 것이 바로 온실이다.

겨울(12~2월)

주요 할 일: 식물 분리 / 냉해 방지 / 온도 관리 / 물 관리

식물들이 성장을 멈추고 깊은 잠에 들어가는 겨울. 이 시기엔 모든 것이 느려지거나 멈춘다. 식물들의 물 소비량도 거의 없고 온도 유지를 위해 연탄을 갈아주는 것 말고는 딱히 해줄 일이 없어 나 또한 덩달아 느려지고 게을러지는 때다.

처음엔 연탄 때기도 쉽지 않았다. 어릴 적 부모님이 연탄을 가는 모습을 본 적은 있지만 내가 직접 사용해본 건 식물을 키우면서가 처음이었다. 연탄과 관련된 에피소드는 셀 수 없이 많다. 습기를 머금은 연탄에 불을 붙이다 머리를 그슬리기도 하고 종일 연탄불과 씨름하다가 결국 이웃에게 불붙은 연탄을 빌려오기도 했다. 연탄끼리 서로 붙어 난감한 상황도 생기고, 그런 두 연탄을 떼려다 불붙은 연탄이 두 동강 나는가 하면, 그 불을 끄기 위해 물을 부었다가 온실이 온통 연기로 가득 차기도 했다. 물론 많은 경험을 쌓은 지금은 선수가 돼서 척척 잘하지만 말이다.

겨울이라고 해서 모든 식물이 잠을 자는 건 아니다. 식물에 따라서 꼭 추운 시기를 거쳐야 하는 식물도 있고 온도만 유지해주면 계속 성장하는 식물도 있다. 겨울이 필요한 동백이나 철쭉, 라일락 등은 추위가 찾아오면 단풍이 들어 잎이 지고, 꽃눈을 만들기도 한다. 그런 식물들은 이 시기를 춥지 않게 보내면 봄에 꽃이 피지 않고 식물의 세력도 약해져 건강한 봄을 맞을 수 없다. 따라서 춥다고 무조건 실내로 들이는 건 바람직하지 않다. 반면 관엽식물들은 열대 지역 출신이 많기 때문에 온도만 높다면 겨울에도 문제없이 계속 성장한다.

겨울을 흔히 시련의 계절이라 부르지만 내겐 기다림의 계절이다. 1000장 넘게 가득 쌓인 연탄을 바라보면 저걸 언제 다 쓸까 싶지만 한 장 한 장 태우다 보면 어느덧 마지막 연탄의 차례가 오고, 뒤이어 봄이 찾아온다. 식물들은 봄기운을 기가 막히게 알아챈다. 그러고는 신기할 만큼 정확하게 변화를 시작하기에, 나는 식물들의 변화를 보고 계절이 바뀌었음을 실감한다.

○ 비닐하우스의 겨울 필수품, 연탄

베란다에서 사계절 보내기

봄(3~5월)

특징: 식물들이 하나둘 잠에서 깨어난다. 기온이 오르면서 가드닝이 시작되어, 겨우내 상하고 묵은 잎들은 정리해주고 봄기운을 타고 충분히 성장할 수 있도록 비료도 챙겨준다. 분갈이 시기가 다가온 식물들은 분갈이를 해주고 삽목이나 파종을 하기에도 좋은 계절이다. 새벽 기온이 올라가면 열대 구근들도 심는다. 몇 개월간 충분히 봄을 즐기도록 하자.

주의할 점: 3~4월의 경우 봄이라고는 하지만 새벽의 기온은 생각보다 많이 떨어진다. 낮의 기온만 체크하고 식물을 베란다로 옮기면 예상치 못한 냉해를 입을 수도 있다. 새벽 기온 체크는 필수다.

여름(6~8월)

특징: 봄부터 자란 가지와 잎들이 풍성해진다. 원활한 통풍과 수형 관리를 위해 적당량의 가지치기가 필요하다. 또 기온이 올라가면서 병충해가 생기기 때문에 잎 사이를 꼼꼼히 살펴 혹 발생할 해충 피해에 대비하고 미리 방제해야 관리가 쉽다. 장마 기간이 지나고 폭염이 시작되면 통풍에 특히 신경을 써줘야 하고 서향 빛은 부분적으로 차단해 화상으로부터 식물을 보호해야 한다. 성장하는

식물은 물이 마르지 않게 해주고 휴면에 들어간 식물들은 과습되지 않도록 건조하게 관리한다.

주의할 점: 고온다습한 계절은 충해의 문제도 있지만 세균성 무름병에 주의해야 한다. 통풍이 원활히 되도록 신경을 쓰고 여의치 않다면 선풍기나 서큘레이터를 이용한다. 알코올 솜이나 과산화수소, 살균제 등을 준비해두면 좋다.

가을(9~11월)

특징: 다시 선선한 바람이 불어오면서 여름을 힘들어하는 식물들은 기력을 회복한다. 다가오는 겨울을 건강하게 보낼 수 있도록 비료를 주고 추위에 약한 식물들은 10월 이후로 실내로 들일 준비를 해야 한다. 열대식물들은 성장이 주춤해지지만 이 시기에도 많은 식물들이 성장을 하는데 특히 해가 잘 드는 남향의 베란다는 가드닝이 시작되는 계절이다. 열대의 구근은 수확해 저장하고, 튤립과 같은 저온성 구근은 식재해 봄을 기다린다.

주의할 점: 추위를 이기지 못하는 식물들을 미리 분류해 뜻밖의 냉해를 입지 않도록 신경 써야 한다. 일기예보를 확인하고 온도를 수시로 체크하자. 가을이 깊어질수록 물 주는 주기를 조금씩 길게 잡는다.

겨울(12~2월)

특징: 겨울까지 베란다에 남아 있는 식물들은 어느 정도의 추위는 견디지만 한파가 오면 위험할 수 있다. 기온을 잘 체크하고 베란다 온도가 많이 떨어진다면 방풍커튼, 비닐 등을 이용해 냉기를 막아준다. 모든 식물이 베란다에서 겨울을 보내야 하는 상황이라면 소형 비닐하우스나 난방기를 고려해야 한다.

주의할 점: 한 번의 환기로도 치명적인 냉해를 입을 수 있기 때문에 낮에 살짝 열어놓은 창문은 해가 떨어지면 반드시 닫아야 한다. 겨울에는 수돗물도 손이 시릴 정도로 차갑다. 차가운 물을 갑자기 주면 뿌리가 상할 가능성이 있으니 미리 받아둔 미온수로 관수한다.

베란다 겨울나기 비법

겨울에는 거실로 많은 식물을 옮기지만 그렇게 할 수 없을 경우에는 어떻게든 베란다를 최대한 춥지 않도록 만들어줘야 한다. 필자가 베란다 식물 관리를 위해 사용하는 간단한 방법을 소개한다.

바람 차단: 베란다의 한기는 대부분 넓은 창을 통해 들어오는데 새시가 오래된 경우 틈새가 들떠 찬바람이 들어오는 통로가 된다. 제일 먼저 창문 틈새로 들어오는 바람을 문풍지로 막아야 한다.

온도 유지: 이후 흔히 뽁뽁이라 부르는 엠보싱 처리된 비닐을 창문에 붙여 한기를 막아준다. 물론 빛이 차단되는 단점은 있지만 겨울에는 온도를 조금이라도 더 높이는 것이 중요하다. 저렴하고 간단하지만 창에 손을 대보면 효과는 생각보다 괜찮다.

가전 제품 활용: 바람과 한기를 막았다면 온도를 높이기 위해 난방 기구를 동원해야 하는데 그나마 실내에서 안전하게 사용할 수 있는 것이 전기 제품이

ㅇ 온도를 유지해주는 에어캡(뽁뽁이),
뜨거운 바람으로 온도를 높이는 온풍기,
온도를 올려 지속시키는 라디에이터

다. 기름을 이용한 난로는 냄새도 심하고 화재 위험 때문에 밤새 켜놓기 불안하다는 단점이 있다. 또 흔히 사용하는 토분난로는 효과가 매우 미미하다. 실내용 전기 온풍기도 사용해봤는데, 뜨거운 바람이 나와 온도가 빠르게 올라가는 장점이 있지만 식물에 직접 바람이 닿으면 건조에 의한 피해가 생길 수 있다. 또 온도가 올라가면서 습도가 현저히 떨어지는 단점이 있다.(가습기를 함께 사용하면 좋다.) 하나를 추천한다면 라디에이터가 효과적이다. 설정 온도까지 올라가 작동을 멈춰도 열기가 오래 지속되고, 온풍기에 비해 공기를 건조하게 만들지 않는다. 식물에도 직접적인 열을 가하지 않기 때문에 베란다에서나 실내에서 장점이 많다. 다만 전기 난방 제품들이 대부분 소비전력이 매우 높기 때문에 생각지도 못한 전기료를 감당해야 할 수도 있다. 각자의 환경과 상황에 맞게 충분히 검토하고 신중하게 결정하자.

식물이 준 선물

현재를 사는 기쁨

식물을 키운다고 말하지만 사실 식물은 스스로 자란다. 우리는 식물이 자랄 수 있는 환경을 만들어주고 유지시켜주는 역할만 할 뿐이다. 그래서 나는 '식물 지켜내기'라는 표현을 즐겨 쓴다.

식물을 키우기 전에는 계절의 변화나 환경에 관심이 없었다. 계절이 바뀐다는 건 내게 옷차림이 바뀌는 것 그 이상도 이하도 아니었다. 하지만 식물을 키우기 시작하면서 오늘은 날씨가 어떻고 또 내일은 어떻게 변할지 궁금해졌고, 피하고 싶었던 햇빛은 세상 고마운 존재가 되었다.

아침에 해가 뜨면 그 많은 화분들을 햇빛이 드는 쪽으로 하나씩 옮기기 시작한다. 몇 시간 뒤 해 방향이 바뀌면 또다시 하나씩 옮겨놓는다. 누군가 그 모습을 본다면 정말 바보 같은 짓으로 보일 테지만 그럼에도 나는 그 일이 행복하다. 계절마다 다른 태양의 고도에도 관심을 갖게 되었고, 이제는 그림자만 봐도 대략 몇 시인지, 어느 방향인지 알 수 있게 되었다.

지금 햇빛을 향해 화분을 들고 움직이는 나는 현재에 집중하고 있다. 이렇게 몰입하는 순간엔 오로지 '지금 이 순간'만이 존재한다. 지금에 집중해 산다는 건 몰입의 가장 큰 선물이고 그 몰입의 기쁨을 식물이 내게 선물해주었다.

식멍과 몰입의 즐거움

식물을 정성스럽게 돌보는 사람들 중에 생명의 소중함과 사랑의 가치를 강조하는 이들이 종종 있다. 하지만 나는 그 말에 동의하지 않는다. 고귀한 생명에 대한 사랑이 컸다면 식물에 생기는 해충을 방제하면서 이미 슬퍼하고 좌절해 결국 식물 키우기를 포기했을 것이기 때문이다. 식물은 소중하고 벌레라 부르는 곤충은 죽어 마땅할 만큼 하찮을까? 내가 키우는 식물은 소중하고 잡초라 부르는 식물은 하찮을까?

그래서 나는 감히 그것을 사랑이라고 말하지 못한다. 물론 나도 보통은 식물에 대한 사랑이라고 말한다. 하지만 엄밀히 따져보면 결국 내 즐거움을 중심에 둔 이기적인 사랑이 아닐까 싶다.

나에게 식물은 몰입이다. 몰입할 수 있는 매개가 되어주는 것이 식물이다. 몰입이라는 선물을 준 식물이 어찌 고맙지 않을까! 그러니 함께하는 시간 동안은 최대한 정성을 다해 보살피려고 한다. 식물의 원리, 이론과 경험도 물론 중요하다. 하지만 식물을 어떻게 키울 것인가보다 더 중요한 건 몰입과 교감이다.

여러분에게 식물은 무엇인가? 식물에게 위로받고 몸과 마음이 치유된 사람들에게 식물은 '위안'이자 '치유'라고 한다. 대체 어떻게 해서 식물한테서 위안을, 치유를 받았을까? 나는 이 모든 것이 몰입에서 온다고 확신한다.

식물을 키우는 사람들이 흔히 쓰는 말로 '식멍'이라는 것이 있다. 식물을 그저 멍하니 보는 상태, 즉 그 순간은 아무 생각 없이 식물만 바라보고 있는 상태를 뜻한다. 나도 '식멍'을 참 좋아한다. 식물을 바라보고 있자면 시간이 훅 사라진 듯 빠르게 지나가니 하루 종일도 가능하다. 식물을 바라보며 다른 생각을 한다면 '식멍' 상태라 할 수 없다. 오로지 식물을 바라보는 '나'만 있어야 제대로 된 몰입이라 할 것이다.

화가 반 고흐를 다룬 어떤 영화에 아주 인상 깊은 대화 장면이 나온다. 나는 십수 년간 철학과 종교를 공부했지만 이 짧은 대화 안에 그 모든 것이 들어 있다고 느낀다.

의사　**당신은 왜 그림을 그리는가?**

고흐　**생각을 멈추기 위해서. 생각이 완전히 멈춘 후에야 비로소 느낄 수 있다. 내가 보는 것을 사람들이 볼 수 있으면 좋겠다.**

온전한 몰입은 대상 자체에 빠져들어 헤어 나오지 못하는 것이 아니라 대상에 집중하고 있는 나를 알아차리는 것이다. 솔직히 말하면 나 또한 식물 생활이 온전한 몰입이라면 좋겠지만 사실 절반은 집착이다. 몰입과 집착은 상당히 비슷해 보여도 확연히 다르다.

몰입은 욕심이 필요 없지만, 집착은 욕심에서 시작된다.

몰입은 경쟁이 필요 없지만, 집착은 누군가와 경쟁한다.

몰입은 괴로움이 없지만, 집착은 소유욕과 불만족으로 인한 괴로움이 생긴다.

결과적으로 몰입은 스트레스를 없애주지만 집착은 스트레스를 유발한다.

우리가 흔히 영감靈感이라 부르는 건 생각이 끊긴 자리에서 나온다. 그래서 영감을 얻기 위해 애쓸 때보다 뭔가에 몰입해 있는 상태가 영감을 얻을 가능성이 훨씬 더 크다. 그래서 건강한 취미 생활은 본업에 필요한 창의적인 아이디어나 힘을 주는 역할을 하기도 한다. 영감을 통해 대단한 뭔가를 하자는 말이 아니다. 다만 각자의 인생에서 소소한 영감으로 충만한, 즐거운 인생을 살길 바라고 나 또한 그렇게 되길 바랄 뿐이다.

◦ 메디닐라. 식멍할 때 자주 바라보는 아이다.

제2장

초보자를 위한 식물 생장 기본 원리

이것만 알면 누구나 식물을 키울 수 있다

"어떻게 그렇게 식물을 잘 키우세요?"
"예쁘게 키우는 비결이 뭐예요?" 하는 질문을 종종 받는다.
식물을 키워보기로 결심했다면 식물이 어떻게, 무엇으로 성장하는지
기본 원리를 이해하는 것이 가장 중요하다.
필자가 식물에 처음 관심을 가졌을 때 가장 먼저 한 것이
바로 식물의 생장 원리를 공부하는 것이었다.
이 원리만 잘 알고 있어도 식물을 쉽게 죽이지 않게 된다.

우리는 광합성을 하며 살아!

통풍이 중요한 이유

광합성이란 식물이 태양 에너지를 이용해 포도당을 생성하는 과정을 일컫는다. 많은 사람들이 광합성이라고 하면 식물이 햇빛을 받는 활동 정도로 생각하는데, 광합성의 결과를 알고 있으면 식물을 키우는 데 많은 도움이 된다.

식물은 낮에는 태양 에너지를 이용해 광합성을 하고, 밤에는 호흡을 하며 에너지를 합성하고 소비하며 성장한다. 광합성을 하려면 태양 에너지와 이산화탄소 그리고 물이 꼭 필요하고, 광합성의 결과물로 포도당과 산소, 물(수증기)이 생성된다. 광합성의 산물인 포도당 즉 탄수화물과 식물이 흡수한 양분이 결합하여 에너지를 생산하며 성장하게 되고, 산소와 물은 잎의 기공을 통해 배출된다. 태양 에너지나 물은 이미 알고 있지만 이산화탄소까지는 생각하지 못한 분들도 계시리라.

식물을 키우다 보면 환기와 통풍이 중요하다는 말을 자주 듣는데, 이것이 이산화탄소와 직접적인 연관이 있다. 즉 자연에서는 공기 흐름이 원활해서 이산화탄소의 공급 또한 원활하지만, 실내에서 공기가 정체되어 있으면 식물들에게 이산화탄소를 제대로 공급해줄 수 없다. 이산화탄소가 부족한 채 햇빛만 충분히 쬐게 해준들 식물이 잘 자랄 리 없으며, 계속될 경우 식물이 약해지는 결과를 낳는다.

적당한 공기 흐름은 증산작용•을 촉진해 기공••을 통해 흡수되는 이산화탄소의 양이 많아진다. 결과적으로 뿌리를 통한 수분과 양분의 흡수량도 늘어나고, 따라서 실내에서 선풍기나 서큘레이터 등을 사용해 공기 흐름을 유도하는 것은 괜찮은 방법이다. 이때 잎이 살짝 살랑거리는 정도의 바람은 좋지만 강한 바람이 계속되면 잎은 수분 손실을 막기 위해 기공을 닫아버려 온전한 광합성을 할 수 없게 된다. 그러니 선풍기를 켤 경우 바람이 벽 쪽을 향하게 해 간접적인 공기 흐름을 유도하거나 미세한 바람으로 회전시키고, 서큘레이터는 천장 쪽을 향하게 놓는 것이 좋다.

잎의 구조

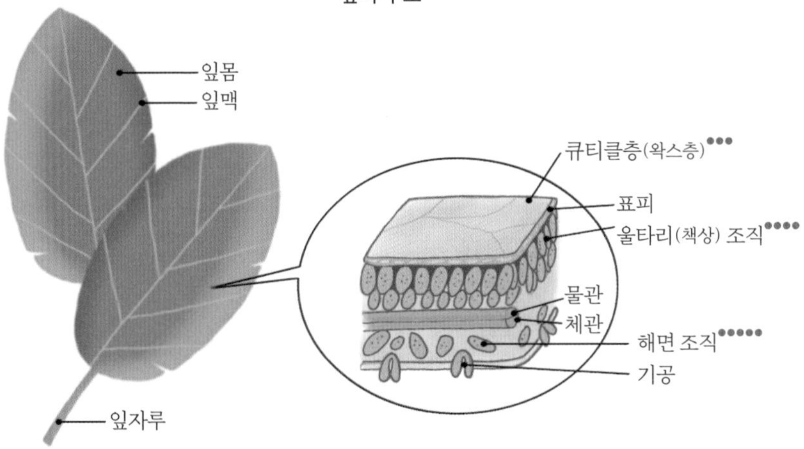

- • 잎의 기공을 통해 물이 수증기 형태로 배출되는 작용
- •• 수분과 양분, 이산화탄소와 산소를 흡수하고 배출하는 작용이 이루어지는 곳
- ••• 잎의 표피 조직 중 가장 바깥 부분으로 왁스층이라고도 부른다. 지방 물질로 이루어져 과도한 수분 증발을 막아주는 역할을 한다.
- •••• 세포가 나란하고 촘촘하게 배열된, 광합성의 대부분이 일어나는 곳이며 청색광에 의해 발달된다. 책상 조직 세포라고도 부른다.
- ••••• 불규칙하고 간격이 넓어 광합성 양은 적지만 산소와 이산화탄소의 교환에 중요한 역할을 하는 곳

대기 중의 이산화탄소 농도가 올라갈수록 광합성의 양도 함께 증가한다. 때문에 전문적인 농장 중에는 이산화탄소를 강제로 투입해 식물을 재배하는 곳도 있다.

빛과 광합성

식물은 모두 태양 에너지를 이용해 광합성을 한다. 그러나 모든 식물이 많은 태양 빛을 요구하는 건 아니고, 자생지의 환경과 자라온 환경에 따라 비교적 적은 양의 빛으로도 살아가는 식물들이 있다.

광보상점

식물이 성장하기 위해 '최소한으로 필요한 빛의 양'이다. 광합성의 양과 호흡의 양이 같은 지점으로, 산소와 이산화탄소의 흡수량과 방출량이 같아지면 식물은 성장을 거의 하지 못한다. 호흡량이 더 많아지면 식물은 점점 약해진다.

광포화점

빛의 세기가 어느 정도 한계점에 다다라 '더 많은 빛을 보여줘도 광합성 양이 증가하지 않는 지점'을 말한다. 이 또한 식물마다 다르다. 따라서 광포화점이 높은 식물은 해가 잘 드는 곳에, 광포화점이 낮은 식물을 해가 덜 드는 곳에 두고 관리하면 된다. 하지만 전문가가 아닌 이상 식물들의 광포화점을 수치까지 정확히 알기는 어렵기 때문에 흔히 양지, 반양지, 반음지 등으로 구분하는데 이는 뒤에서 다시 알아보도록 하자.

이렇듯 식물을 키울 때 가장 중요한 세 가지는 빛(태양 에너지), 통풍(이산화탄소), 물(수분)이다. 이 정도의 원리만 알아도 식물을 키우는 데는 충분하다. 엽록소의 전자가 궤도에서 이탈하며 화학작용이 이루어지는 등 더 자세한 내용도 있지만 여기서 알아야 할 부분은 아니다.

넌 어디에서 왔니?

원산지를 알면 식물이 보인다

당연한 말이지만 식물에 따라 좋은 환경의 개념도 조금씩 다르다. 그래서 어떤 식물을 집으로 들였다면 그 식물의 자생지(원산지)가 어디인지 알아보는 것이 가장 먼저 해야 할 일이다.

열대 우림을 상상해보자. 기후가 습하고 나무가 울창한 밀림이나 정글 말이다. 높이가 수십 미터 되는 거대한 나무들이 촘촘하게 자라고, 그 밑엔 작은 식물들이 앞다퉈 자라고 있다. 강한 햇살과 수시로 내리는 비를 흠뻑 맞는다. 아래쪽 작은 식물들은 큰 나무들 사이로 들어오는 적은 빛으로 광합성을 하며 자란다. 축축한 땅과 식물들이 뿜어내는 증산작용으로 공중 습도가 매우 높다.

이번에는 메마르고 황량한 사막 지대로 가보자. 푸석푸석 마른 땅에 식물들은 띄엄띄엄 각자 영역을 갖고 있고, 강렬한 햇빛을 하루 종일 받으며 광합성을 한다. 우기를 제외하고는 물을 흡수할 기회가 거의 없기 때문에 이곳 식물들은 오랜 기간 물 없이 살도록 진화해왔고 그 결과 잎이나 몸체에 최대한 많은 수분을 저장할 수 있게 되었다.

지중해 연안이나 유럽의 기후 좋은 나라들을 생각해보자. 혹시 라벤더를 재배하는 농장을 본 적이 있는가? 드넓은 땅에 충분한 광량과 습하지 않은 날씨라는 환경에 맞게, 이곳 식물들은 따스하고 건조한 바람에 수분을 빼앗기지 않도록 진화했다.

식물들은 이렇게 각각의 환경에 맞춰 적응하고 진화하며 생존해왔다. 따라서 어디서 누가 기르든 최대한 원산지 환경에 맞추는 것이 식물을 건강하게 잘 키우는 핵심 비결이다.

하지만 현실은 어디 그런가. 우리는 서로 다른 특성을 가진 식물들을 동시에 같은 장소에서 키운다. 물을 자주 주면서 습도를 높여줘야 하는 고사리와 한 달에 한 번 물을 주는 다육이가 함께 산다. 더군다나 사계절이 뚜렷한 나라에서 그 다양한 식물들을 잘 키워내고 있으니 알고 보면 참 대단한 일이다.

그렇다면 식물의 외형이나 특징만 보고도 어디 출신인지 알 수가 있을까? 정확히는 알 수 없지만 어느 정도 추측은 가능하다. 식물의 잎 모양을 통해 그 특징을 살펴보자.

넓고 광택이 있는 잎

실내에서 많이 키우는 관엽식물은 대부분 열대 지역에서 자생하는 종류로, 잎이 크고 광택을 띤다. 열대 지역은 습도가 높기 때문에 수분 손실 없이 충분한 광합성을 하며 잎이 커졌을 것이다. 그러나 우리는 환경이 전혀 다르므로 대책 없이 잎 크기만 키우면 그만큼 증산작용이 늘면서 수분 손실이 커진다. 서늘하고 건조한 계절이 오면 새로운 잎이 오히려 작아지는 경우도 종종 볼 수 있는데, 잎을 크게 키우려면 차광된 빛과 따뜻한 온도, 그리고 높은 습도가 필요하다. 열대 지역 식물은 춥고 건조한 날씨에 상당히 취약하다.

○ 대표적인 관엽식물인 떡갈고무나무

날렵하고 미세모가 있는 잎

반면 로즈마리나 라벤더 같은 식물은 충분한 광량이 제공되고 건조한 바람이 부는 환경에서 적응했기 때문에 불필요하게 잎을 키울 필요가 없다. 수분 손실을 최소화하기 위해 잎에 미세모가 있는 경우도 있고 잎 모양새도 대개 날렵하다. 우리나라의 봄과 가을 날씨에는 매우 건강하게 적응하지만 고온다습한 여름에 통풍이 불량해지면 곰팡이성 질병에 시달리기도 한다. 더위보다는 서늘한 기후를 선호하고, 베란다에서는 거뜬히 겨울을 보낼 정도로 추위에도 강하다.

두터운 잎

우리가 다육이라 부르는 식물은 잎에 많은 수분을 저장하고 있다. 그 말은 뿌리에서 충분한 수분을 공급받지 못한다는 뜻도 되는데, 그만큼 강수량이 많지 않은 건조한 곳에서 자라는 경우가 많다. 잎에 수분을 저장한 뒤 조금씩 아껴 광합성을 하며, 식물체에 수분이 많은 만큼 고온다습한 계절이 되면 세균성 질병에 매우 취약하다.

○ 잎에 미세모가 있고 날렵한 모양의 마리노라벤더

○ 건조한 환경에 살아남도록 잎에 수분을 저장하는 다육식물

초본류, 목본류

잎이 넓고 얇은 열대 지역의 초본류들은 큰 나무 밑에서 차광된 빛을 받고 자라며 높은 습도와 충분한 수분을 공급받는다. 넓은 들판의 초본류들은 그대로 직사광선에 노출되기도 하고 메마른 땅에서도 자라기 때문에 잎이 두텁고 억세다. 자생지의 환경이 척박할수록 식물의 생명력은 더욱 강해지는 경향이 있다.

우리가 나무라 부르는 목본류는 크게 자라는 종류가 많은데, 크게 자라는 이유는 그만큼 많은 양의 빛을 확보하기 위함이다. 작은 유묘의 경우 상대적으로 적은 빛으로도 생존하지만 커갈수록 점점 더 많은 빛을 요구한다. 다만 모든 목본류 식물이 크게 자라는 것은 아니며 고무나무처럼 적응력이 좋은 식물은 실내에서도 잘 키울 수 있다.

◦ 초본류의 잎

◦ 목본류의 홍콩야자

똥손이라고 낙심하는 사람들에게

당신 잘못이 아니에요

식물을 좋아하지만 "저는 정말 똥손인가 봐요"라며 좌절해 식물 키우길 지레 포기하는 사람들이 있다. 하지만 너무 상심하지 말길 바란다. 십중팔구 당신 잘못이 아니다.

식물 키우기의 80%는 환경이 좌우한다. 따라서 좀 잘 키운다고 우쭐할 필요도, 못 키운다고 낙심할 필요도 없다.

지인 중에 식물을 키웠다 하면 다 죽인다고 낙담하던 분이 있다. 이분이 몇 해전 해가 잘 드는 고층 아파트 남향집으로 이사를 했는데, 그렇게 죽기만 하던 식물들이 여기저기 새싹과 꽃을 틔웠고 지금 그분은 500개가 넘는 식물을 관리하는 엄청난 가드너가 되어 있다.

이처럼 대다수 식물은 환경만 좋아도 잘 자란다. 식물을 잘 키우는 사람을 유심히 살펴보면 아마 대부분 환경이 좋을 것이다. 반대로 해가 부족하고 통풍이 원활하지 못한 환경이라면 평소 식물을 잘 키우는 사람도 어려움을 겪을 수밖에 없다. 물론 식물 생장등이나 서큘레이터 등의 도움을 받을 수는 있지만 천연 환경에서 얻는 혜택과는 비교할 수가 없다.

식물 키우기는 환경이 80%, 나머지 20%가 가드너의 역할이다. 또 가드너 역할 중 10%는 제대로 된 물 주기와 주기적인 분갈이, 적정량의 비료 주기이고,

5%는 가드너의 손재주, 나머지 5%는 개인적인 감각이다.

식물을 관리하는 손재주는 누구나 처음부터 갖추기는 어렵지만 고난도 기술이 아니기 때문에 하다 보면 늘기 마련이다. 물론 타고난 미적 감각으로 처음부터 예쁘게 키우는 사람도 있다. 혹 손재주가 없다고 낙심하는 이가 있다면 그런 사람들의 식물을 자주 보고 관찰하는 것만으로도 감각을 키우는 데 도움이 될 것이다. 요즘은 인터넷 검색이나 동영상 채널 등을 통해 식물을 키우고 관리하는 요령을 쉽게 접할 수 있다. 자주 보고 따라 하다 보면 저절로 실력도, 감각도 는다.

만약 내가 키우는 식물이 자꾸 죽는다면 환경을 바꿔볼 필요가 있다. 하지만 이사 가는 것 말고는 달리 방법이 없다면 어떻게 해야 할까?

식물을 키우기 전 먼저 할 일은 자신의 환경을 살펴보고 식물과의 궁합을 알아보는 것이다. 그런 다음에 그 환경에 잘 맞는 식물을 들여야 한다. 해가 잘 들지 않는 환경에 살고 있다면 적은 빛만으로도 잘 자라는 식물을 들이는 식으로 말이다. 그러다 보면 재미도 느끼고 실력도 늘어 자연스럽게 식물과 친해지게 된다.

이제 본격적으로 식물 키우기에 필요한 것들을 살펴보자.

제3장

식물 키우기의 기본

식물 키우기의 기본은 크게 물 주기, 분갈이, 흙, 영양분 공급이라고 할 수 있다.
흔히 '식물 키우기는 물 주기 3년'이라고 한다.
그만큼 물을 어떤 때, 어떻게 주는지가 중요하다.
이후엔 뿌리가 자란 만큼 '분갈이'를 해주어야 한다.
또 '화분'이라는 한정된 공간에서 키우기 때문에 '양분' 즉 비료도 꼭 필요하다.

물 주기

식물 키우기는 물 주기 3년?

식물을 키울 때 가장 자주 하는 일이 물을 주는 일이다. 물 주는 데 무슨 방법씩이나 있을까 싶지만 이 부분에서 제일 실수가 많은 게 사실이다. 식물을 죽이는 실수로 꼽히는 첫 번째는 단연코 물을 잘못 주는 경우다.

물 주기의 역할 - 수분 공급, 산소 공급, 청소

물 주기의 첫 번째 역할은 당연히 수분 공급이다. 하지만 단순히 수분 공급에서 끝나지 않는다. 뿌리에 산소를 공급해주고 화분 속 가스와 노폐물도 씻어낸다. 반려동물을 키울 때 밥 주고 목욕도 시키고 집도 청소해주듯 식물에게는 물 주기가 바로 그런 일이다.

대표적인 물 주기 실수 1

물을 줄 때 가장 자주 하는 실수는 컵으로 한두 컵 주거나 일정량을 측정해서 주는 방식이다. 이런 식으로 물을 주면 화분 속 흙이 충분히 젖지 않을뿐더러 노폐물이 씻겨 나가기는 더더욱 어렵다. 또한 한쪽으로 물길이 만들어져 뿌리들이 물을 찾아 한곳으로 몰려드는

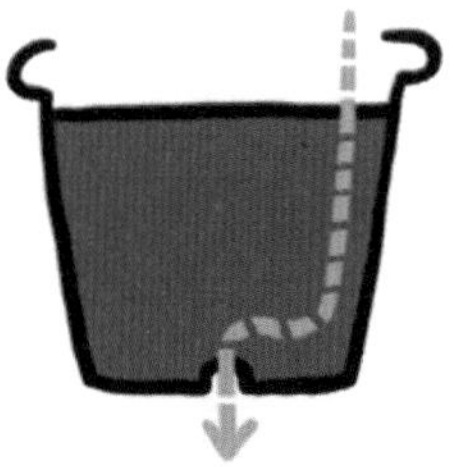

○ 컵으로 졸졸 조금씩 주면 물길을 따라 한 방향으로 배수가 된다.

뭉침 현상이 생기고, 결과적으로 가스 배출도 원활하게 이뤄지지 않는다. 이런 물 주기를 계속하면 식물이 서서히 약해지면서 문제가 생긴다.

대표적인 물 주기 실수 2

화원에서 맘에 드는 식물을 사본 적 있는 사람은 누구나 비슷한 경험이 있을 것이다. 식물을 살 때 가장 걱정되는 점은 '죽이면 어떡하지'이고 가장 많이 하는 질문은 "며칠마다 한 번씩 물을 줘요?"다. 그럴 때 보통 화원 주인들은 "일주일에 한 번" "2~3일에 한 번"이라고 말한다.

결론부터 말하자면 적절하지 않은 질문과 답이다. 같은 식물도 키우는 환경이 제각각이기 때문이다. 보통 일주일에 한 번 정도 물을 주라고 하는 식물도 해가 강하고 건조한 곳에 있다면 사흘에 한 번 정도 줘야 하고, 해가 잘 들지 않고 습한 곳에서 키운다면 더 늦춰서 줘야 한다. 따라서 정해진 요일에 하는 물 주기는 없다는 점을 명심하자.

올바른 물 주기

물 주기의 기본

일반적인 물 주기 방법은 화분 밑의 배수 구멍으로 물이 흘러나올 때까지 골고루, 충분히 주는 것이다. 여유가 있다면 세 차례가량 물이 흘러나오도록 반복해 주길 권한다.

이렇게 물을 주면 뿌리는 밑으로 뻗는 특성이 있기 때문에 수분을 충분히 흡수할 수 있고, 이산화탄소의 배출과 산소의 원활한 공급으로 뿌리와 미생물이 더 건강해진다. 또 흙이 씻겨 내려가면서 비료 등으로 생기는 염분 집적도 어느 정도는 예방할 수 있다.

저면관수

화분의 밑부분이 30% 정도 물에 잠기도록 해서 식물이 수분을 충분히 흡수할 수 있도록 해주는 방법이다. 수분이 천천히 위쪽 흙으로 타고 올라올 때까지 여유 있게 담가놓으면 되는데, 자연에서 식물들이 수분을 흡수하는 원리에 가깝

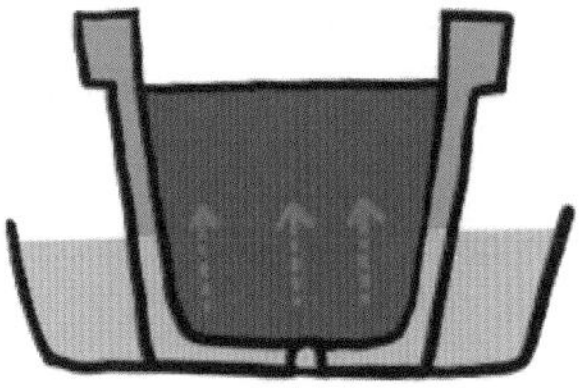

◦ 아랫부분이 충분히 잠기도록 물을 부어 담가놓는다. ◦ 물이 천천히 흙에 흡수되어 올라간다.

기 때문에 좋은 물 주기 방법이다.

저면관수는 잎이나 줄기가 물에 예민한 식물이나 물을 많이 필요로 하는 식물에게 해주면 좋다. 여행 등으로 며칠간 집을 비워야 하는 상황에서도 식물의 물마름 현상을 막기 위해 사용되는 방법이다. 이때는 조금 더 낮은 20% 정도만 잠기도록 해주면 되는데 흙이 젖은 상태에서 해야 화분이 마르지 않는다. 식물이 많다면 어려운 방법이긴 하지만 며칠 동안은 물이 마를 걱정을 안 해도 된다는 이점이 있다. 하지만 앞에서 설명한 것처럼 가끔은 위에서 물을 충분히 관수하여 화분 속을 청소해주는 것이 좋다. 실내에서 키우는 큰 식물은 물 주기에 여러 제약이 있지만 가끔이라도 욕실에서 충분히 관수해주면 더 건강하게 키울 수 있다.

▶ **저면관수해주면 좋은 식물들:** 바이올렛, 페라고늄, 베고니아, 다육식물, 잎에 미세모가 있는 식물류

머그컵을 이용한 저면관수

머그컵을 활용하면 기본 포트에 담긴 식물을 깔끔하게 키울 수 있다. 크기가 맞는 예쁜 컵 하나를 식물에게 양보해보자. 물은 식물이 흡수할 수 있는 정도로만 채워주고 겉흙의 마름 정도를 체크한다. 물구멍이 없기 때문에 어디에든 올려놓을 수 있다.

○ 머그컵을 이용한 저면관수

물 주는 주기

식물을 판매하시는 분들도 나름의 경험과 평균치를 기준으로 물 주는 주기를 말해주겠지만 문제는 키우는 환경이 너무 다르다는 것이다. 또한 식물의 상태나 가지, 잎의 수에 따라서도 물 주기는 확연히 달라진다. 그러니 필자를 포함한 그 누구의 조언도 참고만 하길 바란다.

같은 식물이라도 잎이 10장 있는 것과 100장 있는 것은 당연히 물 소비량에서도 크게 차이가 난다. 식물이 광합성을 위해 사용하는 수분은 전체의 5% 내외라고 한다. 나머지 수분은 대부분 증산작용으로 잎의 기공을 통해 빠져나가는데, 잎의 온도가 올라가면 온도를 낮추기 위해 활발하게 증산작용이 일어난다. 이해를 위해 단적인 예로 비교해보자.

잎이 100장 있는 식물이 뜨거운 여름에 야외에서 자라고 있다. 잎이 많으면 열을 식히기 위해 많은 양의 수분이 필요하고, 화분 속 수분은 날씨의 영향으로 빠르게 증발한다.

잎이 10장 있는 식물이 빛이 부족한 실내에서 자라고 있다. 광합성이 잘 안 되고 여름에는 에어컨도 작동되기 때문에 잎에 열이 과하게 올라가지 않는다.

첫 번째 식물에는 물을 매일 듬뿍 줘야 한다면, 두 번째 식물은 보름에 한 번 줘도 된다. 그 정도로 둘의 차이는 크다.

물 주는 시기를 아는 법

그러면 언제 물을 줘야 할까? 무조건 흙 상태를 확인하고 줘야 한다. 이 점은 백 번을 강조해도 부족하다. 실내에서 키운다면 더더욱 그렇다.

그럼 흙 상태는 어떻게 확인할까? 먼저 눈으로 겉흙이 말랐는지 젖었는지 확인하는 방법이 있다. 흙 위에 마감재가 있다면 걷어내고 맨 위 흙을 살펴보자. 위는 말랐지만 속 상태를 모르겠다면 손이나 나무젓가락 등을 이용해 살짝 흙을 파 상태를 확인하면 된다.

식물마다 물을 소비하는 속도가 다르다. 그것을 이해하는 것도 중요하지만 더 중요한 것은 바로 식물이 자라는 환경을 이해하는 것이다. 충분한 광합성과 원활한 통풍이 되는 곳에서는 잎이 두터운 다육식물을 제외하고는 대부분 겉흙이 마른 것을 확인한 후 물을 줘도 전혀 문제가 없고, 이때 식물은 가뭄 스트레스가 해소된다. 하지만 빛이 부족하고 통풍이 원활하지 않다면 물 소비량은 현저히 줄어든다. 이때는 속흙까지 어느 정도 마른 후 물을 주는 것이 과습으로 인한 피해를 줄이는 방법이다.

겉흙이 마르면 물을 줘야 하는 경우

종류: 율마, 티트리, 호주매화 등 거의 대부분의 식물

겉흙을 파봐서(손톱 길이만큼 살짝 파본다) 수분기가 느껴진다면 물 주기에 이르다는 뜻이다. 손가락 한 마디 정도까지 흙이 말랐다면 흠뻑 주자.

속흙까지 마르면 물을 줘야 하는 경우

종류: 다육식물, 고무나무(환경에 따라)

이 경우 손가락 두세 마디 정도까지 확인해야 하는데 나무젓가락 등을 살짝 찔러 넣고 1분 정도 후에 빼서 확인해본다. 나무가 젖은 정도에 따라 물마름 정도를 쉽게 알 수 있다.

화분을 들어서 확인하는 법

손가락으로 확인하는 것보다 더 쉬운 방법은 화분을 들어보는 것이다. 흙이 젖어 있는 느낌과 마른 상태의 느낌은 확연히 다르다. 물론 처음에는 어려울 수 있지만 물을 주기 전에 마른 상태의 화분을 들어보고 물을 충분히 주고 난 후 다시 화분을 들어보자. 반복하다 보면 어느 순간 화분을 살짝 들어만 봐도 흙이 어

느 정도 말라 있는지 짐작할 수 있다. 무겁고 큰 화분은 어렵겠지만 웬만한 화분이라면 해보길 권한다.

다육식물 물 주기

식물은 보통 뿌리를 통해 수분을 공급받는다. 그럼 사막이나 건기가 오래 지속되는 곳에서 자라는 식물은 어떨까? 비가 올 때 최대한 많은 양의 수분을 저장해둬야 살 수 있다. 저장해둔 수분으로 광합성을 하며 다음 비가 올 때까지 기다리는 아이들이 있다. 바로 우리가 '다육이'라 부르는 식물이다.

다육식물은 잎에 많은 양의 수분을 저장하고 있기 때문에 자주 수분을 공급해줄 필요가 없다. 과한 수분 공급은 오히려 뿌리를 썩게 만들고 웃자라게 해 보기에도 좋지 않다. 흔히 '다육식물 물 주기는 한 달에 한 번'이라는 말이 공식처럼 됐지만 이것도 정답은 아니다. 필자의 경우 봄가을에는 한 달에 한두 번(날씨에 따라) 주지만 여름, 겨울에는 거의 단수(물을 주지 않음)한다.

우리나라의 여름은 고온다습하고 장마도 길기 때문에 과한 수분을 머금고 있는 다육식물에게는 상당히 위험한 계절이다. 세균이 쉽게 침투하기도 하는데, 많은 경우 뿌리 쪽 지하부부터 무르기 시작해 위로 타고 올라온다. 이때 무른 부분은 소독된 칼로 잘라내고 살균제 등으로 소독해 충분히 말린 후 다시 심어주면 회복할 수도 있지만 빠른 조치를 하지 않는다면 마치 얼음이 녹듯 녹아내리는 일도 더러 생긴다.

다육이 물 주기에 대한 감을 잡지 못하겠다면 '아래 잎들이 쪼글거릴 때' 주면 전혀 문제가 없다. 물을 주고 나서 하루이틀 지나면 잎이 다시 통통하게 차오르는 걸 확인할 수 있다.

○ 잎에 수분을 저장하고 있는 다육식물들. 물 주는 주기를 모르겠다면 잎이 주름질 때 주면 문제가 없다.

장식을 과감히 걷어낼 것

식물 좋아하는 분들 중엔 심미안을 가진 분들이 적지 않다. 그래서 화분을 예쁘게, 보기 좋게 장식하는 데 골몰하기도 한다. 요즘엔 컬러 스톤, 마사토, 화산석 등 화분을 보기 좋게 꾸미기 위한 마감재들도 많이 나와 있다. 분갈이를 하며 꾸미기도 하지만 화원에서 이미 마감 처리된 경우도 많다.

나도 식물을 처음 들였을 때 화분 위에 알록달록한 돌들을 올려 꾸며준 적이 있다. 식물과 어우러져 한층 예뻐 보였다. 하지만 지금은 특별한 경우가 아니라면 마감재를 사용하지 않는다. 더욱이 식물을 처음 키우는 분이라면 과감히 걷어내라고 권한다. 보기에 좋을 수 있지만 마감재들이 흙 위에 있으면 흙의 수분 상태를 확인하기 어렵고 흙마름도 더디게 만들기 때문이다.

마감재가 해충(알)으로부터 흙을 보호한다는 의견도 있지만 그것보다 더 중요한 건 흙 상태를 수시로 확인하는 것이다. 마감재가 흙을 가리고 있으면 흙마름을 확인할 때마다 마감재를 걷어내야 하는 수고로움이 생긴다. 꼭 마감재를 사용하고 싶다면 적어도 봄, 여름, 가을, 겨울 사계절을 한 번 보내본 후 자신의 환경에서 계절에 따른 평균적인 관수 주기가 완성되면 그때 사용하는 것이 좋다.

과습의 증상

과습은 말 그대로 수분이 과하다는 뜻이다. 식물 키우기의 가장 큰 실패 원인으로, 이는 식물을 키울 때 여러 번 강조해도 지나치지 않다.

○ 장식은 보기에는 좋지만 물마름을 방해하고 확인하기가 어려워 추천하지 않는다.

식물 종류에 따라 다르겠지만 통상 이상적인 토양의 조건은 흙 입자가 50%, 수분이 25%, 공극(토양 입자 사이 비어 있는 공간)이 25%라고 한다. 토양 사이의 공극을 통해 뿌리가 호흡한다. 그런데 물이 과해지면 공극의 자리를 수분이 채움으로써 원활한 호흡을 하지 못해 결국 뿌리가 죽게 되고, 죽은 뿌리를 통해 세균이 체내까지 침투해 들어온다. 또 에틸렌 호르몬 등이 발생하여 잎이 노랗게 변하는 황화현상이 일어나기도 한다.

과습의 증상은 식물의 종류나 환경에 따라 다양한데, 일반적인 증상은 물 부족 현상과 매우 유사하게 나타난다.

식물은 수분이 부족하면 잎이 늘어지고 마르는 현상이 생기는데, 과습으로 뿌리가 상해 제 역할을 하지 못해도 역시 잎에 수분이 전달되지 않아 물마름 증상과 비슷한 증세가 나타난다. 그러다 시간이 지날수록 세균이 물관과 체관에 침투해 줄기와 잎이 탁해지고 부패하기 시작한다. 잎에 물 부족 현상이 나타나는데 흙은 젖어 있는 상태라면 제일 먼저 과습을 의심해야 한다.

과습에 의해 뿌리가 손상되고 있을 때 나타나는 증상으로는 다음과 같은 것들이 있다.

1. 흙은 젖어 있는데 잎은 물 부족 현상이 발생한다.(노란 잎, 시듦, 변색 등)
2. 새순이 나오다 멈춰버린다.(성장이 멈춘다.)
3. 열대식물의 경우 잎자루가 아래쪽을 향해 굽는다.
4. 다수의 잎이 노랗게 변하는 황화현상이 나타난다.
5. 새순이 검게 변하고 떨어진다.
6. 불특정 다수의 잎이 우수수 떨어진다.
7. 평소보다 흙이 잘 마르지 않는다.

사실 증상이 나타나면 이미 늦은 경우도 있기 때문에 항상 흙과 식물의 상태를 확인해야 변화를 감지할 수 있다. 가장 좋은 건 과습이 올 수 있는 환경을 최대한 피하는 것인데, 분갈이시 흙 속에 펄라이트, 마사토, 녹소토 등을 첨가해 공극을 만들어주면 도움이 된다. 완벽하게 해결할 수는 없겠지만 이렇게 공극을 충분히 만들어주고 또 원활한 공기의 흐름이 있다면 식물 키우기의 절반은 성공했다고 해도 과언이 아니다.

흙 배합이나 물 관리를 통해 과습을 줄일 수 있지만 역시 가장 좋은 방법은 광합성을 충분히 할 수 있는 환경을 만들어주는 것이다.

과습의 함정

한편, 과습이 될까 봐 조심하고 두려워한 나머지 오히려 물을 지나치게 말리는 실수를 범하기도 한다. 물 주는 주기를 잘 몰라서 식물의 수분 부족 현상을 확인하고 물을 주며 주기를 찾아가는 것은 큰 문제가 없다. 하지만 그 정도를 넘어서 반복적으로 물을 말리면 식물은 극심한 수분 스트레스를 받으며 면역력이 떨어진다. 잔뿌리들부터 말라 죽어가는데 이때 물을 주면 죽은 뿌리를 통해 세균이 침투해 뿌리가 물러버린다. 쓰러져 있는 식물을 발견하고 화분을 엎어보면 과습과 똑같은 증상을 보이기 때문에 과습으로 오인하기 십상이다.

원인은 다르지만 결과는 같다. 고무나무처럼 뿌리가 굵고 빠르게 성장하는 식물은 건조한 흙에서도 비교적 잘 견디지만 뿌리가 약하고 가는 식물은 건조에 취약한 경향이 있다.

특히 한여름에는 더 주의해야 한다. 폭염이 지속되면 화분 속 온도도 상당히 높아진다. 야외처럼 직사광선을 받는 경우에는 화분에 손을 댈 수도 없을 정도인데, 검정색 화분의 경우 더욱 조심해야 한다. 말 그대로 뿌리가 익어버리기 때문이다.

이 경우에도 화분을 엎어보면 과습과 매우 유사한 형태를 보인다. 따라서 뿌리가 약한 식물은 직사광선을 차단해주고 물도 해가 강한 시간대를 피해서 주는 것이 좋다. 열대식물들, 특히 소형종의 알로카시아들은 땡볕에 취약하니 참고하자.

분갈이, 직접 해볼까?

식물 키우기에 어느 정도 감을 잡고 익숙해지면 분갈이를 해줘야 하는 시기가 찾아온다. 화원으로 화분을 가져가 분갈이를 할 수도 있지만 좀 자신이 없더라도 직접 분갈이를 하는 것이 좋다. 어떤 흙 재료를 사용하고 어떻게 했을 때 자신의 집 환경에서 더 잘 자라는지 등 경험을 쌓을 수 있기 때문이다. 또 할수록 실력이 늘어 나중에는 분갈이가 식물 키우기의 빼놓을 수 없는 재미가 되기도 한다. 작은 화분부터 분갈이를 해보자. 금세 성취감을 느낄 것이다.

분갈이를 하는 이유

식물은 원래 땅에 뿌리를 뻗으며 자라지만 우리는 화분이라는 한정된 공간에서 키워야 한다. 덕분에 추위를 견디지 못하는 식물들도 실내에서 키울 수 있다는 장점이 있다.

식물은 지상부(잎과 가지)가 자라는 만큼 지하부(뿌리)도 성장한다. 물론 뿌리가 성장하는 속도나 뻗어나가는 넓이, 깊이 등은 식물마다 차이가 있지만, 일정 시기가 지나면 화분에 뿌리가 가득 차게 된다.

뿌리가 화분에 가득 차서 더 이상 뻗지 못하고 서로 엉키는 상황이 되면, 화분의 물빠짐도 불량해지고 수분과 양분을 제대로 흡수하지 못한다.

평소와 같은 주기로 물을 줘도 더 빨리 물 부족 현상이 나타나고, 잎이 노랗게 변해가는 양분 부족도 생긴다. 더 오래 방치될 경우 식물은 성장을 멈추고, 점점 상태가 악화된다.

서로 엉키고 오래 묵은 뿌리들은 어느 정도 잘라주고, 조금 더 넉넉한 화분에 분갈이해주면 새로운 뿌리들이 자라나면서 금세 상태가 좋아진다.

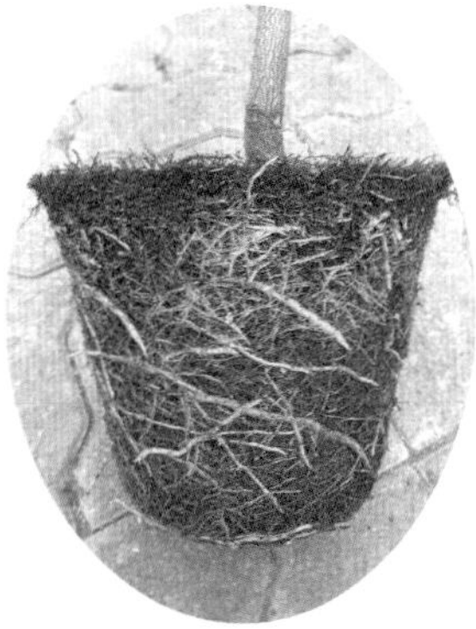

◦ 화분에 뿌리가 꽉 차면 여러 문제가 생기기 때문에 때를 놓치지 말고 분갈이를 해줘야 한다.

분갈이에는 두 가지 방법이 있다. 첫째는 더 크거나 작은 화분으로 분을 바꾸는 방법이고, 둘째는 화분은 그대로 두고 흙만 바꾸는 흙갈이다. 더 큰 화분으로 분갈이해줄 수 없는 상황이라면, 뿌리를 아래쪽 옆에서 30~40% 정리하고 기존의 화분을 새 흙으로 채워주기만 해도 식물 상태는 좋아진다.

언제 하면 가장 좋을까?

일반적으로 분갈이를 가장 많이 하는 시기는 봄과 가을이다. 만물이 소생하는 봄에는 식물 역시 막 성장을 시작하고 뿌리의 발달 속도도 빠르기 때문에 봄에 해주는 분갈이가 가장 좋다. 추위에 약한 식물이라면 가을 분갈이는 피해야 하고, 서늘한 곳에서 잘 자라는 식물이라면 가을 분갈이도 좋다.

열대 관엽식물의 경우 여름 날씨에 훌쩍 성장하기 때문에 봄과 여름 사이에 분갈이를 해주면 좋다. 기온이 서늘해지기 시작하면 뿌리 성장이 늦어지고 세균 침투에 대한 면역력도 약해지기 때문이다. 집 환경이 서늘한 곳이라면 가을부터는 분갈이를 피하고 따스한 실내에서 관리한다면 언제 해도 큰 문제는 없다.

얼마나 자주 해야 할까?

이것 역시 식물마다, 환경마다 뿌리의 성장 속도가 확연히 다르기 때문에 정해진 답은 없다. 앞서 말한 것처럼 뿌리가 가득 차 문제가 발생할 때 해줘도 괜찮지만, 문제가 발생하기 전에 미리 해주는 것이 더 좋다.

필자의 경우 보통 20cm 이하의 작은 화분은 1년에 한 번 이상 해준다. 특히 미관을 위해 넉넉한 화분을 포기하고 작은 화분에 심었을 때는 봄과 가을에 한 번씩, 총 두 번의 분갈이를 해주고 있다.

크고 무거운 화분은 흙도 넉넉하고 분갈이하는 것도 큰일이기 때문에 2년에 한 번 정도 해주면 되고, 흙 속에 양분이 부족하지 않도록 적정량의 비료를 사용해 관리해야 한다. 이렇게 비료 관리를 잘 해서 몇 년간 분갈이 없이 키워내기도 하지만 역시 성장을 멈추고 상태가 좋지 않다면 분갈이보다 좋은 건 없다.

분갈이가 필요하다는 신호

대표적인 증상 몇 가지를 소개한다.

- 한창 성장할 시기에 성장을 하지 않는다.
- 화분에 물을 주면 물이 잘 빠지지 않는다.
- 같은 주기로 물을 주는데 전보다 더 빨리 물 부족 현상이 나타난다.
- 잎이 군데군데 노랗게 변한다.(제일 아래쪽 잎이 노랗게 변하는 건 정상적인 하엽이다.)
- 뿌리가 화분 위까지 자라 올라온다.
- 화분 밑 물구멍으로 뿌리가 삐져나와 자라고 있다.(다만 화분에 뿌리가 가득 차지 않은 상태에서도 일부는 물구멍으로 빠져나오기도 한다.)

분갈이 순서와 요령

어렵지 않다. 자, 직접 시도해보자!

분갈이를 할 계획이라면 며칠 전부터 물을 말리면서 흙이 어느 정도 마르도록 준비한다. 그래야 좀 더 수월하게 흙과 뿌리를 정리할 수 있다.

분갈이 준비물

실내라면 흙을 담을 넉넉한 플라스틱 바구니나 매트를 준비하자.

간혹 신문지를 깔고 하는 경우도 있는데, 신문지는 젖은 흙에 찢어지거나 흙이 흘러내리는 등 곤란한 상황이 자주 발생한다. 매트와 함께 새 흙, 삽 등 분갈

◦ 흙을 담을 적당한 용기

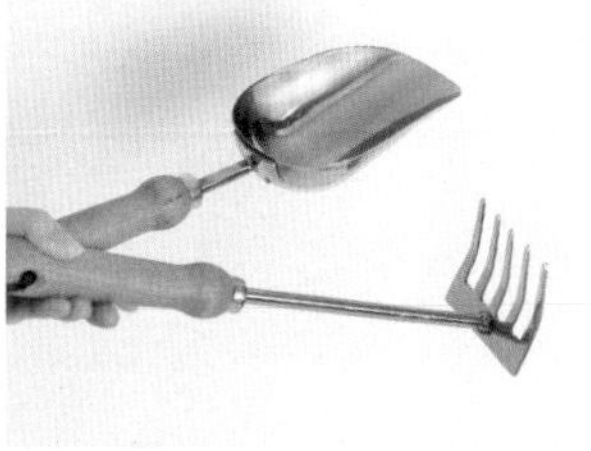

◦ 모종삽과 갈퀴

◦ 소량의 흙을 풀 수 있는 숟가락 종류. 무엇이든 좋다.

이 기본 용품도 함께 준비한다.

① 화분에서 빼내기

먼저 기존 화분에서 식물을 빼낸다. 화분 안쪽의 가장자리를 도구로 조심스럽게 파며 화분과 흙을 완전히 분리한다.

작은 화분의 경우 손가락이나 도구를 이용해 화분 밑 물구멍을 꾹 누르면 쉽게 빠져나온다. 문제는 원통형이나 밑부분이 윗부분보다 더 넓은 모양의 화분이다. 이런 화분은 보기엔 좋지만 분갈이할 때 약간의 수고와 불편을 감수해야 한다. 이때 식물을 잡고 힘으로 당기면 줄기가 부러지거나 뿌리 전체가 손상될 수 있기 때문에 적당한 도구를 이용해 식물과 화분을 천천히 분리해야 한다.

작은 화분이라면 아이스크림용 플라스틱 숟가락이나 나무젓가락 등이 좋고, 큰 화분은 구둣주걱 등을 이용하면 편하다. 무엇이 됐든 자신에게 맞는 도구를 사용하면 된다.

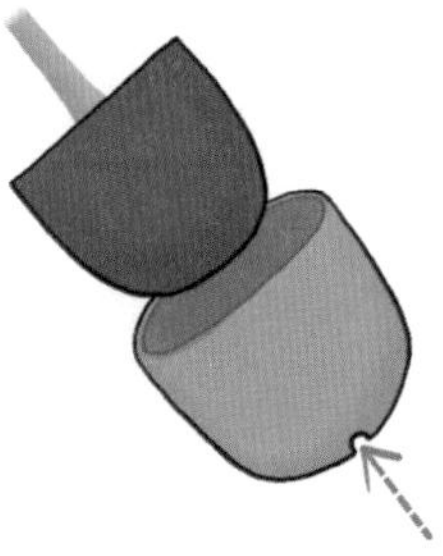

◦ 물 구멍을 지그시 누르면 분리하기 수월하다.

○ 작은 숟가락으로 가장자리를 살살 긁어내 화분과 흙을 분리한다.

○ 구둣주걱 같은 긴 도구를 이용해 화분에서 흙을 떼어낸다.

② 흙 제거하고 뿌리 정리하기

화분에서 식물을 분리했다면, 오래되고 굳은 기존 흙을 제거하고 엉키고 묵은 뿌리들도 적당히 정리해야 한다. 오래된 흙은 양분이 빠져나가 없고 성질도 변하며, 염분과 염류 혹은 해충의 알 등이 존재할 수 있기 때문에 제거해주는 것이 좋다. 다만 뿌리가 아주 민감한 식물의 경우 겉흙을 살짝 털어낸다는 느낌으로 정리해주면 된다.

- **윗부분**: 제일 먼저 흙의 양분이 유실되고 굳어버린 부분이니 반드시 제거한다.

○ 화분에서 빼낸 흙과 뿌리

○ 손이나 도구를 이용해 윗부분을 다 제거한다.

• **옆 부분:** 새 흙에 뿌리가 잘 뻗을 수 있도록 살살 털어 정리한다.

◦ 뿌리가 다치지 않도록 흙만 살살 털어준다.

◦ 적당히 흙이 제거되면 멈춘다.

• **아랫부분:** 엉키고 뭉친 뿌리들을 적당한 선에서 제거한다.(가위로 잘라준다.)

◦ 뿌리의 상태를 살펴 잘라낼 자리를 고른다.

◦ 과감하게 뿌리를 잘라낸다.

◦ 작은 화분의 경우 아랫부분만 살짝 정리하고 다시 심어준다.

③ 뿌리 정리하기

뿌리는 수분을 찾아 아래로 뻗는 성질이 있기 때문에 분갈이 시기가 지나 문제를 일으키는 경우는 대부분 뿌리의 아래쪽에 원인이 있다. 아래쪽 뿌리들이 심하게 서로 엉킨 상황이 아니라면 굳은 흙만 털어내도 괜찮지만 심하게 엉켰다면 20~30% 정도는 정리해주는 것이 좋다. 손으로 잡아 뜯거나 갈퀴 등으로 거칠게 자극하기보다는 날카로운 도구로 단번에 잘라주어야 뿌리가 덜 다치고 회복도 빠르다. 뿌리를 자른 후 흙을 살살 털어주면 쉽게 정리가 가능하다.

작은 화분 역시 심하게 엉킨 부분은 살짝 정리하고 뿌리들이 새로 자라 나올 수 있도록 해주면 좋다. 적당히 흙만 제거하고 더 큰 화분에 옮겨 심는 방법도 있지만, 이미 화분 바닥에서 뿌리들이 서로 엉켜 자란 상태라면 어느 정도 제거해줘야 새 뿌리들을 만들며 잘 자리 잡는다.

④ 새 화분에 심기

뿌리 정리가 다 되었다면 옆에 식물을 안전하게 보관하고 새 화분을 만들어준다. 다음은 새 화분을 만드는 순서다.

1. **깔망 깔기:** 화분의 흙이 유실되지 않도록 배수 구멍을 깔망으로 막아준다.
2. **배수층 만들기:** 물을 줬을 때 물이 고이지 않게 하기 위해 배수층을 만들어야 한다. 깔망이 보이지 않을 정도로 2~3cm 깊이면 좋다. 배수층 재료는 난석, 마사토, 펄라이트, 코코칩 등 어느 것도 괜찮은데 마사토를 선택했다면 꼭 씻은 마사토를 사용해야 한다. 빈 화분에 물을 부어봐서 물 고임 없이 잘 빠지는 화분이라면 배수층은 생략해도 된다. 식물에 비해 크고 깊은 화분이라면 배수층을 넉넉히 만들어주는 것이 좋다.
3. **화분에 뿌리를 넣고 흙 채워 심기:** 식물의 높이를 생각해 흙을 채우고 식물을 심는다. 흙을 채울 때 너무 꾹꾹 누르면 흙이 압축되면서 물빠짐이나 통기성이 불량해질 수 있으니 살살 누르거나 화분을 흔들어 빈 공간을 살살 채워준다.

○ 깔망을 깐다.

○ 배수층을 만든다.

○ 흙을 적당히 담는다.

○ 식물을 넣고 흙을 넣은 후 마무리한다.

⑤ 물 주기

이제 물을 충분히 주면 분갈이는 끝난다. 물을 주면 자연스럽게 흙의 빈 공간이 채워지고 식물도 단단히 고정되는 효과가 있다. 가능하다면 배수 구멍으로 물이 흘러나올 때까지 몇 번이고 물을 주는 것이 좋다.

보통 분갈이는 흙이 어느 정도 말라 있을 때 하기 때문에 분갈이 직후 물을 주면 된다. 흙이 젖은 상태에서 분갈이를 하고 며칠간 물을 주지 않는 방법도 있는데, 식물의 뿌리를 정리하기 전 충분한 수분을 식물체에 보낼 수 있기 때문에 뿌리가 민감한 식물에게 간혹 사용하는 방법이다. 일반적인 경우에는 흙이 마른 후에 하는 것이 좋다.

⑥ 분갈이 끝낸 화분, 어디에 둬야 할까?

기존 흙만 살짝 털어냈다면 원래 있던 자리로 보내도 괜찮다. 하지만 뿌리를 정리하는 분갈이를 했다면 광합성을 잠시 멈추고 뿌리를 내리는 데 집중할 수 있도록 '회복 기간'을 줘야 한다. 뿌리를 얼마나 정리했는지에 따라 기간은 다르지만 며칠간 반그늘에서 회복 후 서서히 햇빛을 보여주는 것이 좋다. 처음에는 잎이 고개를 숙이는 경우도 있지만, 뿌리가 활착하고 적응하면 그런 현상은 서서히 사라진다. 새순들이 오래도록 적응을 못하고 고개를 들지 못한다면 숙이고 있는 부분까지 잘라주도록 한다. 이후 새로 나오는 잎들은 빛에 잘 적응해나간다. 분갈이를 마쳤다면 앞으로 변해갈 식물들을 지켜보는 일만 남았다.

주의 사항: 연탄갈이식 분갈이의 문제점

종종 기존의 오래되고 굳은 흙을 제거하지 않은 채 화분에서 쑥 꺼내 그대로 더 큰 화분에 심는 일명 '연탄갈이'식 분갈이를 하는 경우가 있다. 나 또한 시간 여유가 없을 때 이런 분갈이를 했던 경험이 제법 있다. 대부분은 문제가 생기지 않았지만 몇 가지 식물에서는 문제가 생기기도 했다.

있던 그대로 더 큰 화분에 넣고 새 흙만 채워 넣은 화분은 몇 개월이 지나도 새 흙에 뿌리를 뻗지 못하는 경우가 있다. 또 기존 흙과 새 흙의 성질이 다르면, 물길이 새 흙에 만들어지면서 기존 흙은 물을 잘 흡수하지 못하는 문제가 발생하기도 한다. 대체적으로 비교해볼 때, 역시 기존의 흙과 뿌리를 어느 정도는 정리하고 분갈이해주는 식물이 뿌리를 활착하는 데 시간은 걸리지만 일단 적응한 후에는 더 건강하게 자란다.

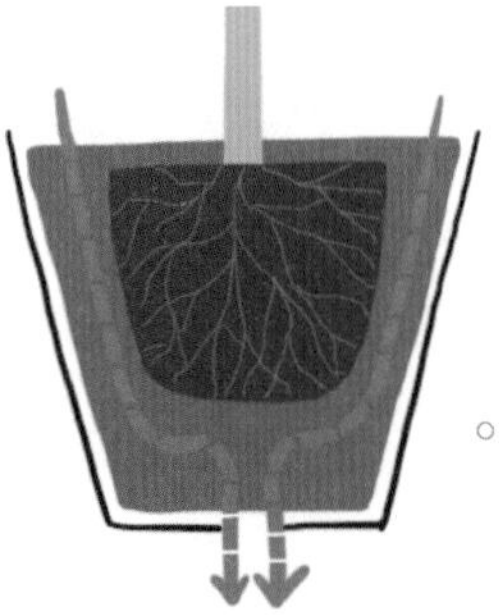

○ 연탄갈이식 분갈이는 기존 흙과 새 흙이 분리되는 문제 등이 생길 수 있다.

흙을 알자

어떤 흙에 심어야 할까?

식물이 뿌리를 내리고 살아가는 곳은 알다시피 토양(흙)이다. 초보자가 식물을 키우다 보면 반드시 한 번은 만나는 어려움이 바로 흙이다. 처음 흙을 사려고 하면 무슨 흙의 종류와 이름이 그렇게나 많은지 머리가 지끈지끈 아파온다.

결론부터 말하자면, 제조사에서 나름의 분류로 이름을 정했을 뿐, 기본적인 재료는 거의 같다. 필자는 같은 종류의 흙이 제조사에 따라 어떻게 다른지 궁금하기도 했고 또 제조사의 광고에 혹해서 여러 종류의 제품을 써봤는데 정상적인 제품이라면 눈에 띌 정도의 차이는 없었다. 따라서 더 좋은 흙을 찾는 것보다 불량 제조사의 흙을 피하는 것이 훨씬 더 중요하다. 성분 표기가 되어 있는 제조사의 흙을 선택하는 것이 좋다.

흙의 기본 성분과 종류

흙 용어를 먼저 알아보도록 하자. 상토, 배양토, 분갈이용토 등은 들어봤을 것이다.

분갈이에 사용되는 흙의 가장 기본이 되는 재료는 코코피트*와 피트모스**이며 이 두 재료에 펄라이트***나 질석****, 제오라이트***** 등 제조사 나름의 재료가 첨가된다. 우리가 흔히 상토라 부르는 흙은 이 기본 재료에 약간의 비료 성분이 첨가된 경우가 대부분이다.

○ 코코피트

○ 피트모스

○ 펄라이트

○ 질석(버미큘라이트)

○ 제오라이트

○ 상토

- 코코넛 열매의 부산물 껍질을 곱게 갈아서 만든 재료
- •• 습지나 늪 등에서 수생식물 혹은 습지식물이 퇴적되어 쌓인 재료
- ••• 진주암을 고열 처리해 얻는 재료. 가볍고 통기성과 배수성을 높여준다. 새하얗고 작은 뻥튀기처럼 생겼다.
- •••• 질석을 고온으로 가열해서 만든 재료. 통기성과 배수성을 높여주고, 삽목에 많이 사용한다.
- ••••• 장석류의 광물로 만들어지고 산성화 방지, 토질 개량제 등으로 사용한다.

또 흔히 분갈이흙 또는 배양토라고 부르는 흙 중에는 앞서 말한 기본 재료에 부엽토•나 지렁이분변토•• 등이 첨가된 제품도 있다.

삽목용 또는 발아용 흙

삽목을 하거나 씨앗을 발아하기 위한 흙은 일반적인 분갈이용토보다는 비료 성분이 현저히 적거나 아예 없는 것이 더 좋다. 과한 비료 성분을 주면 뿌리가 나오거나 싹이 트지 못하고 썩어버리는 일이 종종 발생하기 때문이다.

- **삽목**: 질석, 마사토, 모래, 펄라이트 등 비료 성분이 없는 재료들을 이용해 안전하게 뿌리를 내린 후 분갈이흙으로 옮겨주면 좋다.
- **씨앗 발아**: 일반적인 원예용 상토나 순수 코코피트로 만들어진 지피를 사용하면 좋다.

내게 맞는 흙은?

우선 복잡한 이름에 주눅 들 필요 없다. 비슷한 재료인데 제조사마다 첨가물이나 이름이 다른 경우가 많기 때문이다. 다만 구입하기 전에 어떤 재료로 만들어졌는지 알아보는 건 필요하다. 간혹 성분 표기가 전혀 없는 흙도 있는데, 이런 흙을 쓰면 나중에 웃거름 등 비료를 줄 때 혼란이 올 수도 있다.

분갈이 후 비료를 첨가하거나 주기적으로 비료를 주는 스타일이라면 소량의 비료만 첨가된 상토를 선택하는 것이 좋고, 별도의 비료를 사용하지 않는다면 처음부터 비료 성분이 충분히 포함된 제품을 선택하는 것이 좋다.

물론 처음엔 다소 어렵고 번거롭게 느껴지겠지만 재료를 하나하나 공부하고 직접 혼합해서 자신만의 방식으로 사용하다 보면 식물 키우기의 또 다른 재미를 느낄 수 있다.

• 나뭇잎이 미생물에 의해 분해된 흙으로 많은 양분을 포함하고 있다.

•• 지렁이가 유기물을 흡수한 후 자기가 필요한 원소를 취하고 내보낸 배설물. 부엽토에 비해 양분은 적다.

보통 분갈이흙은 완성품으로 판매되고 있다. 야외나 환경이 좋은 온실에서 키우는 경우라면 문제가 없겠지만, 햇빛과 통풍이 부족한 실내에서는 물빠짐과 통기성을 원활하게 해주기 위해 마사토[•]나 펄라이트, 코코칩[••], 바크[•••] 등을 상황에 맞게 첨가해서 분갈이하면 된다.

실내 환경에 따라 다르지만 보통 10~30% 정도 첨가해 분갈이를 해주면 문제없이 키울 수 있고 각자 상황에 따라서 비율을 더 높일 수도 있다.

◦ 마사토

◦ 코코칩

◦ 바크

◦ 적옥토

• 화강암이 풍화작용에 의해 잘게 부서진 굵은 모래

•• 코코넛 껍질을 잘게 잘라 만든 것. 염분을 확인해야 한다.

••• 나무의 껍질(수피)로, 가볍고 통기성이 좋아 배수층에 또는 흙과 섞어 사용한다. 제품에 따라 크기가 다양하기 때문에 사용 목적이나 화분 크기에 맞게 적당한 크기를 선택하면 된다. 생바크는 염분을 포함하고 있기 때문에 후숙 과정을 거쳐 염분과 오염 물질을 제거한 완제품을 사용해야 한다.

○ 동생사

○ 녹소토

마사토는 사용하기 전에 반드시 미세 입자를 물로 여러 차례 제거해야 한다. 몇 번을 씻어도 흙탕물이 나오는 것을 볼 수 있는데, 이 입자들이 흙 속에서 돌처럼 딱딱하게 굳어 물길을 방해하거나 배수 구멍을 막는 일이 간혹 발생하기 때문에 제거하는 것이다. 하지만 씻는 일이 번거롭게 느껴진다면 처음부터 씻은 마사토를 구매하는 게 좋다.

또 하나, 코코넛 껍질을 잘게 자른 코코칩이 있다. 마사토나 펄라이트보다 입자가 훨씬 크기 때문에 통기성에 유리하지만, 제조 과정에서 염분이 제거되지 않은 제품이 있기 때문에 미리 꼭 확인하고, 제거되지 않은 제품이라면 물에 충분히 불려 수차례 염분을 제거한 후 사용하는 것이 좋다.

그 외에 적옥토, 동생사, 녹소토 등이 있는데, 대부분 일본에서 출토, 생산되며 보통은 분재나 야생화를 식재하는 데 많이 사용하는 흙이다. 마사토와 같은 용도로 사용할 수 있으며 물빠짐이 좋고 상대적으로 보수력(수분을 유지하는 능력)이 높다는 장점이 있지만 가격이 비싸 대형 화분보다는 소형 화분에 많이 쓰인다.

토양의 PH

흙을 조금 더 이해하려면 토양의 PH를 알아야 한다. 어려워 보이지만 너무 걱정하지 않아도 된다. 사람도 채식을 좋아하는 사람과 육식을 좋아하는 사람이 있듯 식물도 각자 더 맞는 흙이 있고, 맞을수록 훨씬 건강하게 자란다. 여기서도 식물 상태에 도움이 되는 기본 개념만 짚고 넘어가려고 한다.

대체 PH가 뭐야?

토양의 PH란 토양의 수소이온 농도를 측정한 값을 말한다. 고향이 다른 식물들은 각자 선호하는 토양의 질도 조금씩 다르다. 노지에서 농사를 지으시는 분들이라면 토양 PH와 토양 성질에 대해 많이 알아야겠지만 우리처럼 화분에서 식물을 키우는 사람들은 고맙게도 분갈이 전용 흙이 있어서 잘 몰라도 큰 어려움은 없다. 아래 그림을 보자.

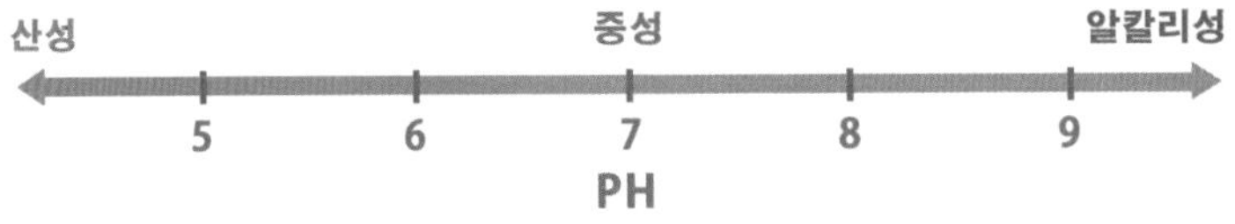

PH를 쉽게 이해할 수 있는 표다. PH 7을 중성이라 하고 그것을 기준으로 수치가 낮으면 산성, 높으면 알칼리성(염기성)이라고 한다. 우리가 구매해 사용하는 분갈이흙은 보통 PH 5~7사이에 맞춰져 있는데 대다수 식물들이 이 범위 안에 들어오기 때문이다. 물론 작은 수치의 오차는 있을 수 있지만 그 정도 차이는 식물들이 충분히 적응한다. 참고로 우리나라의 토양은 대부분 산성 토양에 가깝다.

문제가 되는 경우는 토양이 극알카리성이나 극산성으로 양극단의 성질을 띨 때다. 강한 산성이나 강한 알칼리성에서는 토양 속 양분들이 식물에 흡수되는 유효도가 급격히 떨어진다. 보통은 약산성이나 중성에서 양분의 유효도가 제일 높아지고, 양극단으로 갈수록 양분 유효도가 떨어진다. 자세히 살펴보면, 산성 토양에서는 인산, 칼슘, 마그네슘, 붕소 등이 흡수되기 어렵고 알칼리성 토양에서는 철, 망간, 아연 등이 흡수되기 어렵다.

비료의 3대 원소 중 질소와 칼륨은 PH 5.5~8 사이에서 식물에 비교적 양호하게 흡수되지만, 인은 알칼리성 토양에서 칼슘과 결합해 유효도가 떨어지고 산성 토양에서는 철, 알루미늄과 결합하여 유효도가 떨어진다.

PH가 중요한 이유

PH가 중요한 또 한 가지 이유는 토양 속 미생물들이 양극단 PH 환경에서는 잘 살 수 없기 때문이다. 우리는 비료는 중시하면서도 식물이 자라는 데 훨씬 많은 작용을 하는 토양 속 미생물은 잘 생각하지 못하는 경우가 많다. 미생물은 어떤 역할을 할까?

화분에 유기질 비료를 주면 미생물이 그 성분을 분해해 비로소 식물이 흡수한다. 식물과 공생 관계에 있는 미생물들은 다른 해로운 미생물의 접근을 막아 식물을 지키는 역할을 하기도 한다. 또 식물 생장 호르몬인 옥신을 분비해 식물이 빠르게 자라도록 하는 효모도 있다.

'뿌리혹박테리아'라 부르는 미생물은 질소 고정 능력이 있는데 공기 중 질소 성분을 식물이 흡수할 수 있는 형태로 전환하는 작용을 한다. 식물들 입장에서는 아주 고맙고 매력적인 녀석이기에, 콩과科 식물들은 이런 능력이 있는 미생물을 뿌리로 유인해 공생 관계를 맺기도 한다. 뿌리에 이 미생물이 살 수 있는 혹을 만들고, 이들에게 양분을 제공해주고, 미생물들은 그 보답으로 식물에게 질소 성분을 만들어 선물하는 것이다.

아까시나무나 화분에서 흔히 키우는 양골담초(애니시다), 모링가나무 등이 콩과 식물인데 이들은 별도의 시비(식물에 비료를 주는 것. 잎에 비료를 바로 주는 것은 '엽면시비'라 한다)가 필요 없다.

분갈이를 할 때 물빠짐과 통기성을 위해 가장 많이 사용하는 재료들의 PH는 다음과 같다.

- **마사토:** PH 5~6 (출토 지역에 따라 PH 4의 강산성인 경우도 있다.)
- **코코칩:** PH 5~6
- **펄라이트:** PH 7~7.5
- **휴가토(난석):** PH 6~7

- **녹소토**: PH 5~6
- **동생사**: PH 6~6.5
- **적옥토**: PH 5~6
- **바크**: PH 4.5~5.5

큰 차이는 아니지만 수치가 조금씩 다르기 때문에, 약한 산성을 선호하는 식물이라면 어떤 재료를 사용해도 문제없지만 약한 알칼리성을 선호하는 식물은 마사토보다는 펄라이트를 사용해 물빠짐을 좋게 해주는 것이 더 이롭다.

산성 토양에 적합하게 배합하기

그럼 산성 토양을 선호하는 식물이라면 어떻게 하면 좋을까? 산성 토양을 선호하는 블루베리는 아예 전용 상토가 따로 출시되고 있는데, 이 전용 상토는 대부분 피트모스로 이루어져 있다. 피트모스는 강한 산성(PH 3.5~4.5)이기 때문에 배수가 잘 되는 펄라이트 등을 섞어 수치를 조절해 판매한다. 다른 호산성 식물들도 피트모스와 펄라이트를 이용해 분갈이를 해주거나 일반 상토에 피트모스를 첨가하는 방법도 좋다.

일반적으로 피트모스는 강산성을 띠지만, 원예용 중성 피트모스도 있기 때문에 구입 전에 수치를 확인해보는 게 좋다. 중성의 흙을 황산이나 질산을 사용해 산성화시킬 수도 있으나 화분에 적합한 방법은 아니다.

알칼리성 토양 배합하기

반대로 올리브나무처럼 알칼리성(염기성) 토양을 선호하는 식물은 펄라이트로 배수를 좋게 해주고 석회나 칼슘 비료, 훈탄(왕겨숯)* 등을 혼합해 알칼리성 토양을 만들 수 있다.

집에서 달걀 껍데기를 이용해 쉽게 칼슘 비료를 만들 수도 있다. 달걀 껍데기 안쪽의 흰 단백질 막을 제거한 뒤 잘게 부수어 흙과 섞으면 되는데 곱게 갈아

* 왕겨를 고온으로 태워 만든다. PH 7.5~8

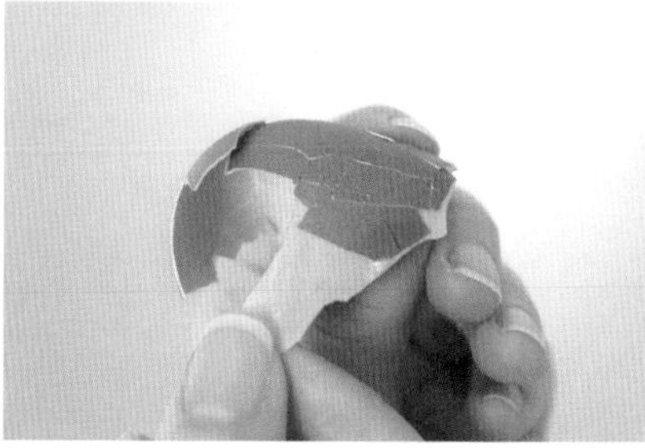

○ 단백질 막을 제거한다.

○ 달걀 껍데기를 잘게 부순 뒤 흙에 섞어 알칼리성 토양을 만들 수 있다.

주면 더 좋다. 단백질 막은 그 자체로도 양분이 될 수 있지만 부패하는 과정에서 냄새가 발생하기 때문에 제거하는 게 좋다.

식물별 토양 선호도

그렇다면 내가 키우는 식물은 어떤 토양을 좋아할까?

주변에서 흔히 키우는 식물 중심으로 선호 토양을 알아봤다. 우리가 키우는 다양한 식물의 적정 PH를 경험으로 하나하나 정확하게 알기는 어렵기 때문에 축적된 정보에 의존할 수밖에 없는데, 자료마다 조금씩 수치에 차이가 있었다.

다음(82쪽) 표를 보면 대부분 식물들이 약한 산성과 중성에 집중되어 있는 것을 볼 수 있는데, 우리가 시중에서 구입해 사용하는 토양은 보통 약산성에서 중성에 맞춰져 있는 경우가 많기 때문에 양극단에 가까운 식물들만 주의하면 된다.

참고로 몬스테라는 약산성부터 약알칼리성까지 적응도가 높다고 알려져 있지만, 약산성에서 중성으로 맞춰주는 것이 더 좋다. 토양의 성분에 따라 꽃 색깔이 변한다고 알려져 있는 수국은 산성 토양에서는 파란색을, 중성으로 갈수록 점점 색상이 변해 분홍빛을 띠기도 한다.

다육식물은 선인장을 포함해 범위가 매우 넓다. 우리가 흔히 알고 있는 다육식물들은 석회암 지대의 알칼리성 토양에서 자라는 경우가 많은데, 알칼리성 토

식물의 PH 그래프

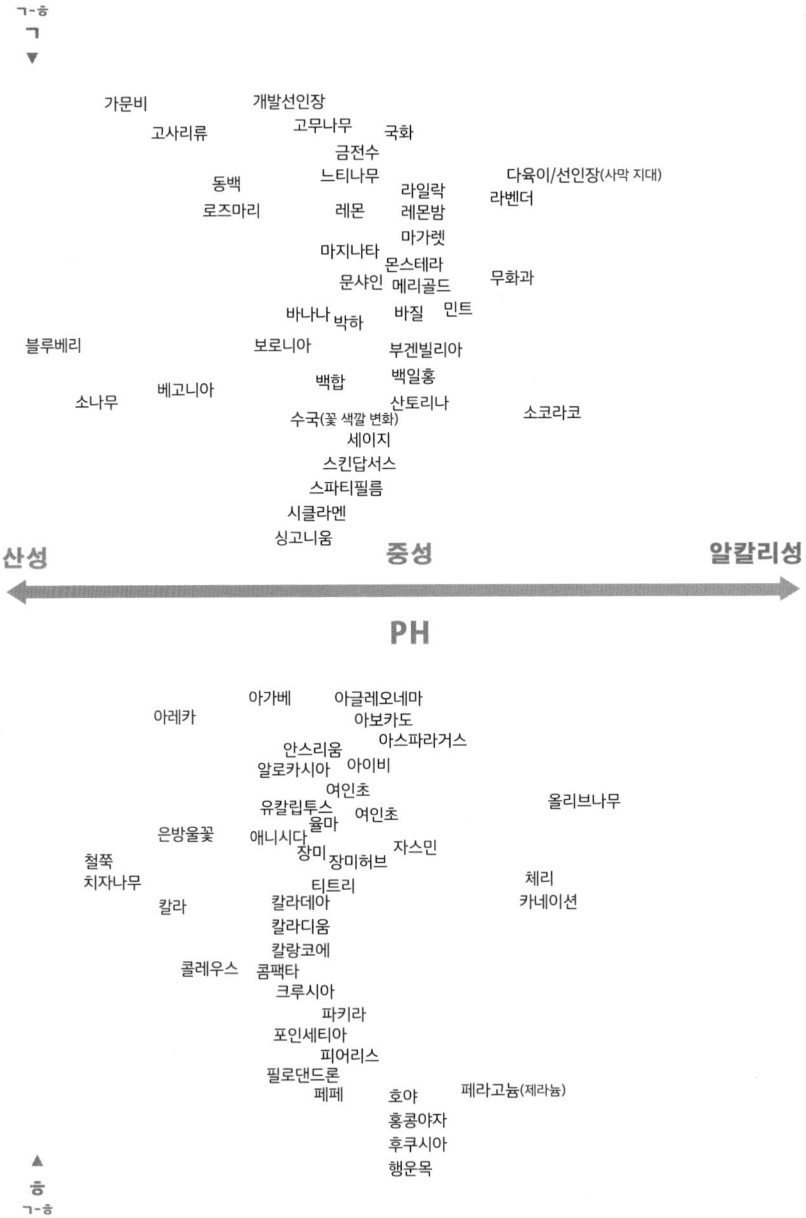
ㄱ-ㅎ
ㄱ
가문비
개발선인장
고사리류
고무나무
국화
금전수
동백
느티나무
다육이/선인장(사막 지대)
라일락
라벤더
로즈마리
레몬
레몬밤
마가렛
마지나타
몬스테라
문샤인
메리골드
무화과
바나나
박하
바질
민트
블루베리
보로니아
부겐빌리아
백합
백일홍
베고니아
소나무
산토리나
소크라코
수국(꽃 색깔 변화)
세이지
스킨답서스
스파티필름
시클라멘
싱고니움
산성
중성
알칼리성
PH
아가베
아글레오네마
아레카
아보카도
아스파라거스
안스리움
알로카시아
아이비
여인초
올리브나무
유칼립투스
율마
여인초
은방울꽃
애니시다
자스민
장미
장미허브
철쭉
체리
치자나무
티트리
카네이션
칼라
칼라데아
칼라디움
칼랑코에
콜레우스
콤팩타
크루시아
파키라
포인세티아
피어리스
필로댄드론
페페
호야
페라고늄(제라늄)
홍콩야자
후쿠시아
행운목
ㅎ
ㄱ-ㅎ

양에서는 원활한 양분을 흡수할 수 없기 때문에 식물 스스로 뿌리에서 산성 물질을 분비해 토양을 중성화시키는 작용을 하기도 한다. 일반적인 상토로 분갈이 했다면 다육식물의 이러한 특성으로 흙이 산성화되지 않도록 주기적으로 분갈이를 해주도록 하자.

집에서 원하는 토양 PH 만들기

이미 분갈이를 했는데 PH를 잘못 맞추었다고 걱정할 필요는 없다. 즐거움을 얻기 위한 식물 키우기가 스트레스가 되어선 안 된다. 전문가가 아닌 이상 화분 하나하나 정확하게 PH를 맞출 수 없기에 완제품인 분갈이흙을 사용해 대략적인 감으로 재료들을 첨가해주는 정도면 충분하다. 정 마음에 걸린다면 다음 분갈이에서 식물이 조금 더 선호하는 쪽으로 해주면 좋을 것이다.

요즘은 간단하게 흙에 꽂아 토양 PH를 측정하는 제품도 많다. 하지만 몇몇 저가 제품은 측정할 때마다 수치가 다르게 나온다는 의견이 많으므로 주의가 필요하다. 또 수돗물을 준 후에 측정하면 수돗물 자체의 PH가 토양에 영향을 주기도 한다. PH를 측정할 때 가장 정확한 방법은 믿을 만한 기계와 증류수를 사용하는 것이다. PH가 맞지 않아 맘에 걸리는 식물이 있다면 아래 내용을 참조하자.

- **산성으로 만들고 싶을 때**

- 상토에 피트모스나 마사토를 추가로 혼합한다.
- 블루베리처럼 강한 산성을 선호하는 식물은 블루베리 전용 상토나 피트모스 80%, 펄라이트 20%를 혼합한다.

- **알칼리성으로 만들고 싶을 때**

- 칼슘 비료(달걀 껍데기, 굴 껍데기 비료 등)나 훈탄을 혼합한다.
- 물빠짐과 공극을 위해서는 펄라이트를 사용한다.

토양의 변질 - 염분과 염류 집적

노지의 흙이든 화분의 흙이든 시간이 지나면 토양은 점점 오염된다. 가축분 등의 퇴비를 많이 주면 염분이, 무기질 비료를 많이 주면 염류가 쌓이게 된다.

오랫동안 염분이 누적되면 다양한 부작용이 일어나는데, 가장 흔한 것이 흙 속 염농도가 식물체보다 높아져 역삼투압 현상이 일어나는 것이다. 그러면 식물은 수분을 흡수하기는커녕 오히려 수분을 빼앗겨 말라간다. 이런 이유로 적정 기간이 지나면 흙을 갈아줘 오염으로부터 보호하고 새로운 영양분을 공급하는 것이다.

지금까지 식물의 토양에 대해 기본적인 정보를 살펴봤다. 혹 이해가 되지 않는 부분이 있더라도 신경 쓰지 말고 다음으로 넘어가자. 다시 말하지만 취미 생활은 몰입과 즐거움이 제일 중요하다.

비료 주기

뭘 먹여줄까?

식물에 없어서는 안 될 양분을 공급해주는 비료. 비료는 식물에 꼭 필요하지만, 과하면 식물을 고사시키는 만큼 주의가 필요하다.

내가 쓰는 비료는 어떤 종류일까

먼저 비료의 종류부터 알아보자. 비료는 크게 보통 비료와 부산물 비료로 나뉘고, 보통 비료는 다시 화학 비료와 유기질 비료로 나뉜다.

화학 비료는 우리가 흔히 사용하는 코팅된 알갱이 비료와, 물에 희석해서 잎에 뿌려주는 액체나 분말 형태의 비료가 있다.

유기질 비료는 어박(어분, 기름을 짜고 남은 물고기의 찌꺼기)이나 대두박(콩에서 기름을 짜내고 남은 찌꺼기), 식물성 유박(깨에서 기름을 짜고 남은 찌꺼기), 아주까리 유박 등이 있는데, 흔히 사용하는 비료는 아주까리 유박이다.

부산물 비료는 부엽토와 부숙왕겨, 건계분 등이 있고, 흔히 부엽토(풀이나 낙엽 따위가 썩어서 된 흙)를 많이 사용한다.

비료의 성분

식물이 성장하는 데는 16가지 원소가 필요하다. 먼저 공기 중에는 광합성에

한눈에 보는 비료 성분

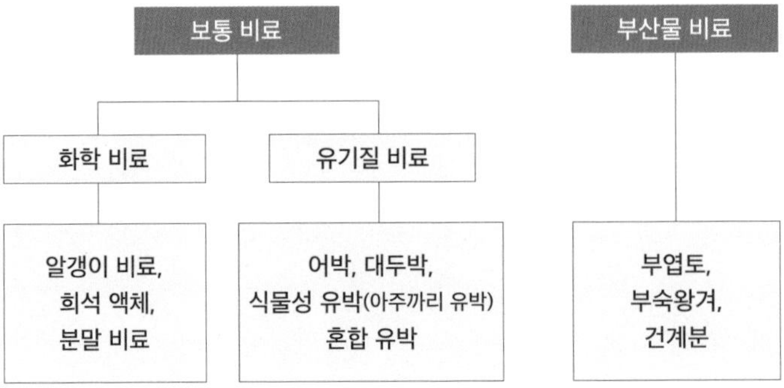

필요한 자연 공급 원소인 산소와 탄소, 수소가 있다. 흙 속에는 많은 양이 필요한 다량 원소와 적은 양만 있어도 되는 미량 원소가 있다.

- **자연 원소:** 산소(O_2), 탄소(C), 수소(H)
- **다량 원소:** 질소(N), 인산(P), 칼륨(K), 칼슘(Ca), 마그네슘(Mg), 황(S)
- **미량 원소:** 철(Fe), 망간(Mn), 아연(Zn), 구리(Cu), 붕소(B), 몰리브덴(Mo), 염소(Cl)

여러 조건들을 뒤로하고 효과만을 본다면 어박(어분)이 효과가 제일 좋다고 알려져 있지만 말 그대로 물고기가 원료이기 때문에 특유의 비린내가 있어 실내 사용이 어렵다. 또 돈분이나 계분 등 가축의 부산물도 효과가 좋지만, 이 역시 특유의 냄새 때문에 실내 사용이 쉽지 않다. 여기서는 실내에서 부담 없이 사용할 수 있는 비료에 대해 알아보도록 하자.

화학 비료

화학 비료는 냄새가 없고 편리하다는 장점이 있어 가장 많이 쓰인다. 제조사마다 노하우가 있고, 유효 성분이 정확히 표기되어 있어 어떤 성분이 얼마나 들어 있는지 확인할 수 있다. '화학'이라고 하면 걱정스러운 마음이 먼저 들지만 먹을거리가 아닌 관상용 식물을 키우는 데는 아무 문제가 없다. 오히려 모든 성분들이 균형 있게 포함되어 있거나 특정 성분을 가감할 수 있기 때문에 맞춤 시비도 가능하다.

화학 비료는 크게 고체 비료와 액체 비료로 나눌 수 있다.

고체 비료

식물을 구입했을 때 화분 흙 표면에 동글동글한 알갱이들이 올려져 있는 걸 본 적이 있을 것이다. 처음 보는 사람들은 혹 해충의 알이 아닌지 오해하기도 하는데 걱정하지 않아도 된다. 이런 알갱이 형태의 고체 비료가 가장 흔히 쓰이는 비료다. 물을 줄 때마다, 혹은 온도에 따라서 점점 녹아 비료 성분이 용출된다. 한번 흙 위에 올려주거나 흙과 섞어주면 조금씩 성분이 녹아 나오면서 효과가 지속되기 때문에 완효성 비료라고도 한다.

이런 고체 비료들은 보통 3~6개월 정도 효과가 지속되므로 봄과 가을에 한 차례씩 올려주는 것이 일반적이다. 사용량은 제조사의 기준을 참조하면 된다.

액체 비료

말 그대로 액체로 이루어진 비료다. 원액으로 판매되는 경우가 많기 때문에 물에 1000배 이상 희석해서 사용한다. 액체 비료는 희석해 잎에 직접 뿌려주는 엽면시비가 일반적이고, 잎에서 바로 흡수가 가능하기 때문에 양분 부족 현상이 나타났을 때 즉각 효과를 볼 수 있어 속효성 비료라고도 한다. 하지만 효과가 일

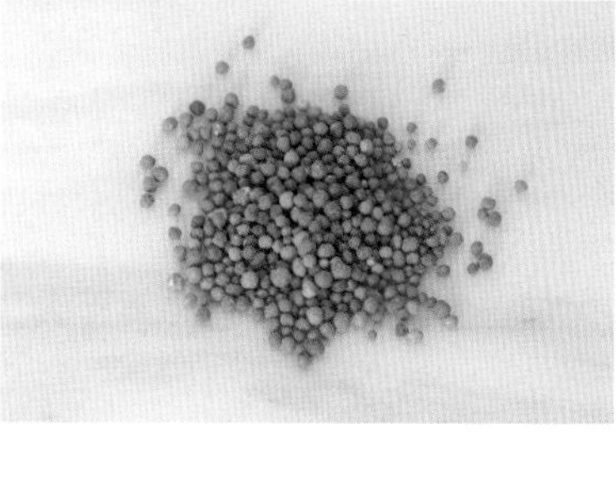

○ 고체 화학 비료의 흔한 모양

시적이고 액체 비료 단독으로 사용할 경우 주기적으로 시비해야 한다.

액체 비료를 엽면시비할 때는 잎 뒷면에 해주는 것이 더 효과적이다. 잎의 기공은 전체적으로 분포하지만 앞면보다 뒷면에 더 많은 비율로 분포하기 때문이다.

적정량에서 물의 희석 비율을 더 높여, 고체 비료와 액체 비료를 상황에 맞게 함께 사용하는 것도 좋은 방법이다. 또 화분 위 흙에 바로 꽂아 사용하는 제품도 있는데 이미 희석된 상태이기 때문에 바로 사용이 가능한 편리성이 있다. 제조사에서 안내하는 주기에 맞게 사용하면 된다.

○ 시중에 유통되는 액체 비료들

○ 보통 물에 희석해서 사용한다.

○ 화분에 꽂아 사용하는 액체 비료

화학 비료의 성분에 따른 분류

일반 비료

질소, 인산, 칼륨을 기본으로 두 가지 이상의 성분이 포함되며, 복합 비료라고 한다. 제조사에 따라 여러 원소들이 추가되는 경우도 있다.

미량 원소 비료

미량 원소가 들어 있는 비료로, 다양한 미량 원소를 포함하기도 하고 특정 원소가 다량 포함된 경우도 있다. 보통 두 가지 이상이 포함된 경우가 많다.

모든 원소를 다 포함하면 더 좋을 텐데 왜 이렇게 나눠져 있을까? 원소에 따라 필요한 양이 다르기 때문이기도 하지만 또 다른 이유가 있다. 간단하게 말하면 원소들 사이에는 길항작용과 상승작용이라는 게 있기 때문이다.

- **길항작용**: 원소들이 서로 흡수를 방해하는 현상. 길항작용으로 인해, 특정 양분이 흙 속에 존재하는데도 결핍 현상이 나타나기도 한다.
- **상승작용**: 원소들이 서로 흡수를 도와주는 현상.

원소들 사이에는 서로 흡수를 도와주는 상승작용보다 흡수를 방해하는 길항작용이 더 많고, 우리가 가장 많이 사용하는 질소와 칼륨 사이에도 길항작용이 있다. 흡수율을 높이기 위해서는 모든 성분을 다 포함한 상태에서 시비를 하는 것보다 따로 시비를 해주는 것이 더 유리할 수 있는데, 문제는 특정 비료의 비율이 너무 높아지면 길항작용을 받는 상대 원소는 흡수 방해를 받기 때문에 결핍 현상이 나타날 수도 있다.

좀 복잡하게 느껴질 수도 있을 것이다. 이런 부분을 알고 있으면 한결 식물 키우기에 도움이 되겠지만 비료 원소 하나하나까지 만들어 사용하는 게 아니기 때문에 어렵다면 굳이 익혀둘 필요는 없다. 요즘은 다량 원소와 미량 원소를 포함한 좋은 제품들이 많기 때문에 고마운 마음으로 사용하기만 하면 된다.

유기질 비료

○ 유기질 비료

노지라면 어떤 유기질 비료든 고민 없이 선택할 수 있지만 한정된 화분에서 식물을 키우는 경우는 선택 폭이 마냥 넓지 않다. 앞서 말한 것처럼, 동물성 비료는 특유의 냄새가 나기 때문에 보통은 식물성 유박 비료를 많이 사용한다.

유기질 비료는 화학 비료와 달리 식물이 바로 흡수하지 못하고 미생물들이 분해 활동을 해야 비로소 식물이 흡수할 수 있는데, 바로 이 부분이 유기질 비료의 장점이다. 화학 비료는 필요한 요소를 식물에 직접 전달하지만, 유기질 비료는 분해자가 필요하기 때문에 효과가 더 천천히 진행된다. 또한 유기 물질을 분해하는 미생물이 흙 속에 다량 번식하게 되면서 식물도 더 건강하게 자랄 수 있다. 미생물의 증가로 흙이 더 비옥하고 건강해지는 효과까지 얻을 수 있는 것이다.

미생물이 있어야 분해되는 유기질 비료를 흙 속에 넣지 않고 흙 위에 올려놓을 경우, 시간이 지나면서 하얀 곰팡이균이 생길 수 있다. 이는 정상적으로 분해가 되고 있는 과정이니 걱정은 하지 않아도 되지만 되도록이면 흙 속에 넣어 사용하는 것이 좋다.

단, 모든 비료를 사용할 때는 제조사에서 정한 적정량을 꼭 지켜줘야 함을 잊지 말자.

비료 줄 때 주의 사항

화학 비료를 줄 때

화학 비료를 화분에서 사용하면 시간이 지나면서 서서히 흙이 산성화된다. 흙의 산도가 산성이 되면 특정 양분의 유효도가 떨어지고 미생물의 활동도 억제되기 때문에 결과적으로 식물에도 문제가 발생할 수 있고, 염류가 흙에 누적되면 성장을 방해한다. 해결 방법은 역시 주기적인 분갈이다.

유기질 비료를 줄 때

우리가 흔히 구매해서 사용하는 유기질 비료는 식물성 아주까리 유박이 많다. 아주까리 유박에는 독성이 있기 때문에 반려동물을 키우는 분들은 특히 주의해야 한다. 동물 사료와 모양도 비슷한 탓에 동물이 먹을 우려가 있으며 그럴 경우 목숨을 잃을 만큼 독성이 강하다고 한다. 가급적 흙 위에 뿌리지 말고 흙 속에 깊이 넣어 사용하는 것이 좋다.

EM(유용한 미생물)

비료 외에 식물에게 줄 수 있는 하나를 선택해야 한다면 EM을 꼽겠다. EM은 Effective Microorganisms의 약자로 '유용한 미생물'이라는 뜻이다.

건강한 토양에는 여러 종류의 미생물이 있고 이 미생물들은 식물과 공생 관계를 맺으며 식물을 건강하게 하고 성장을 촉진한다. 하지만 우리가 주로 사용하는 작은 화분에서는 미생물들이 충분히 자라지 못한다. 이럴 때 EM을 주면 미생물이 활성화한다.

EM에는 광합성 세균, 고초균, 유산균, 효모 등 유익한 미생물들이 있다. 화분에 직접 뿌려주는 가루 형태 제품도 있고, 물에 희석해서 사용하는 액상형 제품도 있다. 식물용 EM이 따로 있다고는 하나 일반적인 액상형 제품과 큰 차이는 없어 보인다.

화학 비료를 사용하는 경우 가끔 EM을 물에 희석해 물 주듯 화분에 주면 된다. 완제품의 경우 물에 1000배 정도 희석하지만 제조사마다 차이가 있으니 사용량을 확인해야 한다. EM은 단번에 효과가 나타나지는 않지만 토양이 건강해지면서 식물도 서서히 건강해진다. 온라인에서 저렴한 가격으로 구입할 수 있으며, 주민센터에서 무료로 나눠주는 곳도 있으니 알아두면 좋다.

비료 주는 시기

일반적으로 봄과 가을에 비료를 주거나 웃거름을 올려주지만 시기가 딱 정해져 있는 것은 아니다. 봄에는 활발한 성장을 위해서, 가을에는 성장과 함께 겨울을 대비해 충분한 양분을 저장하기 위해 준다. 따라서 더 정확하게는 식물이 한창 성장하는 시기에 비료를 주면 된다. 여름에 많이 성장하는 열대식물은 여름에 비료 성분이 더 필요할 것이고, 환경이 좋은 실내에서 일 년 내내 성장한다면 언제든 사용해도 좋다. 다만 성장을 멈추고 휴면에 들어간 식물에게 비료는 오히려 독이 된다는 점을 유의하자.

분갈이 후 비료 주는 요령: 흙에 따라 다르다

분갈이가 끝난 뒤에는 비료를 어떻게 줘야 할까? 먼저 비료를 주기 전에 어떤 흙을 사용해 분갈이를 했는지 알아야 한다.

- 지렁이분변토나 부엽토 등 이미 비료 성분이 충분히 포함된 흙을 사용해 분갈이를 했다면 별도의 비료 사용은 하지 않아도 된다.
- 상토로 분갈이를 했다면, 물 주는 주기에 따라 비료 성분이 점차 유실되기 때문에 오래 지나지 않아 비료가 필요할 수 있다.
- 비료 성분이 포함된 분갈이흙의 경우 봄에 분갈이를 했다면 가을에 별도의 비료를 주지 않아도 성장에 문제가 없다.
- 뿌리 정리를 많이 한 경우: 일반적인 질소, 인산, 칼륨을 포함한 비료는 뿌리가 완전히 활착(적응)한 후에 주는 것이 좋다. 또 미량 원소와 비타민을 포함한 비료(활력제)는 뿌리 활착에 도움을 주기 때문에 바로 사용이 가능하다. 완전히 활착했다는 건 뿌리들이 새 흙에 잘 뻗어 자리를 잡았다는 뜻으로, 눈으로 볼 수는 없지만 식물이 흙에 단단히 고정되고, 새순을 내며 성장세도 좋아진다.
- 뿌리를 정리하지 않고 기존의 흙만 살짝 털어낸 정도로 분갈이했다면, 바로 비료를 사용해도 문제는 없다.

비료에 대한 잘못된 생각

처음 식물을 키우는 사람들이 가장 자주 하는 실수를 꼽으라면 첫째가 물 주기, 그다음이 비료 주기다.

“저희 식물이 아파요. 왜 그런지 좀 봐주세요”라는 질문에 딸린 사진에는 어김없이 화분에 액체 비료가 하나씩 꽂혀 있다. 이해가 간다. 식물이 아파 보이니 제일 먼저 비료를 챙겨준 것이리라. 하지만 결과는 기대와 정반대다.

식물 상태가 좋지 않다면 비료를 주지 말고 오히려 있는 비료(N, P, K를 포함한 일반 비료)도 걷어내야 한다. 충해와 같이 눈에 보이는 문제점이 아니라면 대부분 흙 속 뿌리의 문제일 가능성이 높기 때문이다. 이런 상태에서 비료를 주면 뿌리 손상이 가속화된다. 비료나 비타민 등을 사용하기 전에 원인을 먼저 알아보는 것이 중요하다.

많이 주면 더 건강해질까?

비료는 식물 성장에 꼭 필요한 양분이라고 생각해 과용하는 경우가 있다. 많이 줄수록 더 건강해질 것 같다는 생각인데, 결론부터 말하자면 제조사에서 정한 적정량을 최대치라고 생각하는 게 맞다. 적정량을 넘어서는 양을 주면 흙의 염도가 높아지면서 역삼투압 현상이 생긴다. 식물은 수분을 빼앗겨 순식간에 말라버릴 수 있다.

물론 우리가 사용하는 원예용 비료는 농도가 강하지 않기 때문에 역삼투압이 자주 생기진 않지만 역시 적정량을 넘으면 좋지 않다. 적정량을 넘는 농도로 가끔 주는 것보다 적정량에 미치지 못하는 연한 농도로 자주 주는 것이 낫다. 다른 것과 마찬가지로 식물에게 주는 영양소도 지나치면 모자람만 못하다.

제4장

새로운 개체 만들기

번식해볼까?

식물 키우기에 어느 정도 자신이 생겼다면 개체를 늘리는 번식에 도전해보자.
개체를 늘리는 방법에는 씨앗을 심는 파종부터 조직 배양까지 여러 방법이 있지만,
여기서는 실내에서 따라 하기 쉬운, 가장 현실적인 방법을 살펴보려고 한다.
식집사들 사이에 도는 우스갯소리로 '3대 병'이 있는데
바로 삽목병, 파종병, 외목대병이 그것이다. 얼마나 즐거우면 병이 될 정도로 많이 할까.
그만큼 알아두면 식물 생활의 새로운 경지에 오르게 되니 어려워 말고 시도해보자.

삽목의 기본 알아보기

개체를 늘리기 위해 가장 널리 쓰이는 방법은 '꺾꽂이' 즉 삽목이다. 흙에 가지를 꽂는다는 의미로 삽목이라 부르는데, 적당한 가지를 잘라 흙에 꽂아 뿌리가 내리도록 하는 방법이다.

삽목은 간단해서 각자 자신만의 노하우를 갖고 있을 정도다. 최고의 삽목 기술이 따로 있는 게 아니므로 여러 방법을 시도해보고, 자신의 환경에 적합한 삽목법을 찾는 것이 좋다.

삽목의 대표적인 방법에는 다음과 같은 것이 있다.

1. 바로 흙에 삽목하는 방법
2. 지피를 이용해 삽목하는 방법
3. 수태를 이용해 삽목하는 방법
4. 질석이나 마사토, 녹소토 등에 삽목 후, 수분을 공급하는 방법
5. 물꽂이 후 뿌리가 나면 흙에 옮겨 심는 방법

삽목의 조건과 요령

삽목을 하다 보면 도중에 줄기가 썩어 물러버리거나 뿌리가 나지 못하고 시

들어 죽는 경우도 적지 않다. 삽목 조건은 그리 까다롭지 않지만 식물마다 조건이 조금씩 다르기 때문에 알아두면 실패율을 크게 줄일 수 있다.

① 삽목 가지 만들기

삽목 가지는 일반적으로 10cm 전후로 잘라주는 것이 성공 확률이 높다. 생장점에서 너무 멀지 않게 잘라주는 게 유리한데 물론 식물에 따라 다르지만 보통 10cm 정도면 무리가 없다. 식물을 생장시키고 뿌리를 만들어주는 옥신 호르몬이 생장점 부근에 모여 있어 생장점에서 멀어질수록 뿌리를 내리는 데 시간이 오래 걸리기 때문이다. 또한 너무 긴 가지는 뿌리가 없는 상태에서 새순까지 수분을 전달하기 어려워 결국 잎이 마르기 쉽다.

식물 종류만큼이나 삽목 가지의 특성도 다양하다. 어느 정도 목질화가 되어 굳은 갈색 가지(숙지삽)가 삽목이 잘 되는 식물이 있고, 굳기 전 새 가지(녹지삽)가 삽목이 잘 되는 식물이 있다. 로즈마리처럼 목질화된 가지에서 뿌리가 잘 나는 경우는 목질화가 진행된 부분까지 잘라 삽목하고, 장미허브나 콜레우스처럼 삽목이 매우 잘 되는 식물은 특별히 신경 쓰지 않아도 된다.

② 삽목 가지 자르는 요령

- 삽목 가지를 본체에서 자를 때는 최대한 흙과 닿는 면적을 넓게 하기 위해서 사선으로 잘라준다.
- 목질화가 진행된 가지는 뿌리가 나올 부분의 수피를 살짝 벗겨주는 것도 좋다.
- 뿌리가 없는 삽목 가지는 원활한 수분 공급이 어렵기 때문에 최소한의 잎(두세 개)만 남기고 제거하고, 큰 잎이라면 반으로 잘라 수분 요구도를 줄여주는 방법도 있다.
- 뿌리를 빨리 내리기 위해 발근제를 사용하기도 한다. 시중에 판매 중인 뿌리 발근제는 식물 생

○ 잎이 큰 경우 수분 요구를 줄이기 위해 잎을 반으로 자르기도 한다.

장 호르몬인 옥신 호르몬을 포함하고 있어 뿌리 성장에 도움을 준다. 삽목 성공률을 높이고 싶다면 이 방법도 좋다.

③ 삽목용 흙

흙에 바로 삽목한다면 비료 성분이 없는 흙이 좋다. 비료 성분이 많으면 가지나 줄기가 썩는 원인이 되기 때문에 비료 성분이 없는 무비상토나 순수 코코피트면 괜찮다.

질석이나 녹소토 같은 무균 상태의 흙도 삽목용으로 많이 사용한다.

모래에 삽목하는 방법도 꽤 괜찮다. 뿌리가 충분히 나오면 분갈이흙에 심어주면 된다.

흔히 사용하는 흙 중 비료 성분이 과하지만 않다면 다 사용 가능하다.

④ 수분 공급

삽목 후에는 항상 촉촉함을 유지시켜야 한다. 건조한 흙에서는 뿌리가 쉽게 생성되지 않기 때문이다. 물은 중력에 의해 화분 밑으로 내려가기 때문에 표면은 가장 먼저 마르게 되어 있다. 따라서 위쪽에 삽목된 가지는 항상 수분이 부족할 수 있다. 때문에 삽목 가지는 흙 속에 깊이 심는 것이 좋은데, 가지를 자를 때 흙에 들어갈 깊이까지 생각하고 잘라주는 것이 좋다.

일반 상토라면 수분이 금방 마르지 않지만 녹소토, 마사토, 모래 등은 수분이 오래 머물지 않기 때문에 마름에 주의해야 한다. 화분 밑부분을 물에 살짝 잠기게 해서 항상 촉촉하도록 해주는 방법도 있다.

○ 흙과 수분을 고려해 적당한 깊이의 삽수를 준비하자.

⑤ 온도

삽목 가지가 무리 없이 뿌리를 내리려면 적정 온도가 꼭 필요하다. 보통 20~25도가 좋다고 알고 있지만 실제로 해보니 해당 식물이 잘 성장하는 시기의 온도로 맞춰주는 것이 가장 좋았다. 비료도 한창 성장할 때 줘야 하듯, 삽목 역시 한창 성장하는 시기에 하는 것이 더 결과가 좋다.

삽목은 봄가을에 가장 많이 하지만 더위에 약하고 추위에 강한 식물들은 서늘한 기온에서 성공률이 높고, 반대로 추위에 약하고 더위에 강한 열대성 식물은 여름에 삽목해도 성공률이 높다. 물론 겨울에도 따스한 실내에서 관리를 해준다면 충분히 성공할 수 있다.

⑥ 적정 습도

삽목 후에는 뿌리가 없는 상태에서 잎을 지켜내야 한다. 공중 습도가 너무 건조하면 잎이 수분을 빼앗겨 말라버린다. 반면에 습도가 어느 정도 올라가면 증산작용이 약해지기 때문에 뿌리가 나올 때까지 온전히 잎을 보존할 수 있다. 식물에 따라 다르겠지만 습도가 부족해 잎 마름 현상이 계속된다면 비닐이나 유리관, 투명한 리빙박스 등을 이용해 수분 손실을 막아주면 된다.

⑦ 보관 장소

삽목한 가지를 관리하는 장소는 크게 제약이 없지만, 직사광선이 드는 곳은 피해야 한다. 빛을 받으면 잎은 광합성을 하고 많은 수분을 필요로 하는데 뿌리가 없기 때문에 충분한 수분을 공급받지 못하고 금방 말라간다.

최적의 장소는 바람이 통하는 밝은 그늘 정도인데, 우리의 실내를 기준으로 한다면 거실 안쪽 정도가 될 수 있다. 뿌리가 활착하기 시작하면 잎에 생기가 도는데 이쯤 되면 성공했다고 보고 서서히 밝은 곳으로 옮겨줘도 좋다.

○ 수분 증발, 잎 마름을 막기 위해 유리돔 등을 활용하면 좋다.

삽목과 삽수 만들기

가장 많이 하는 삽목 방법과 삽수 만드는 방법을 소개한다.

지피 삽목

지피는 순수 코코피트를 압축해놓은 재료로, 보통 씨앗을 발아시킬 때 많이 사용하지만 삽목용으로도 사용할 수 있다.

① 페라고늄(제라늄) 삽목

먼저 압축된 지피에 물을 흠뻑 적셔 충분히 불린다. 지피는 온라인에서 구입 가능하다.

본체에서 잘라낸 삽수를 준비한다.

중심에 잘 맞춰 깊게 삽목하고 흔들리지 않도록 단단히 자리를 잡아준다. 삽수를 꽂을 때는 아래 절단면이 상하지 않도록 나무젓가락 등 뾰족한 것으로 지피에 적당한 구멍을 내면 좋다. 적당한 용기에 넣은 뒤 지피에 물이 마르지 않도록 관리한다.

뿌리가 하얗게 뻗어가는 모습이 보이기 시작하면 잘 안착됐다는 뜻이다. 이때 지피를 제거하지 말고 통째로 화분에 옮겨 심어주면 된다.

- 페라고늄은(적정 생장 온도 15~25도) 너무 기온이 높거나 바람이 잘 통하지 않으면 도중에 삽수가 썩어버리는 경우도 심심찮게 발생한다. 선선하고 바람이 잘 통하는 곳이 좋다. 또 삽수를 자르는 도구에서 오염되는 경우도 있기 때문에 간단하게 일회용 소독솜 등으로 소독한 후 잘라주는 것이 안전하다.

② 몬스테라 삽목

몬스테라 마디 모양이다. 사진 속 몬스테라는 이미 마디에서 기근(공기뿌리)이 나오고 있지만 없는 경우도 삽목 후 뿌리가 잘 나오는 편이다.

잎과 잎 사이 마디를 날카로운 칼로 자른다. 잎자루 부근에 새순이 나올 곁눈이 있기 때문에 잘리지 않도록 주의하면서 자른다.
자른 윗부분은 독립적인 개체가 되고, 밑에 잘린 줄기에서는 또 다른 새순이 계속 자라나온다.

이미 뿌리가 많은 상태라면 바로 흙에 심어주면 빠르게 자리 잡는다. 뿌리가 전혀 없는 상태라면 비료 성분이 없는 상토나 젖은 수태 등에서 뿌리를 어느 정도 받은 후 분갈이흙에 심어주는 것이 더 안전하다.

이 몬스테라는 뿌리가 많지 않아서 작은 분에 심었다.

이후 뿌리가 많이 자라면 조금 더 큰 화분으로 옮겨주면 된다.

약 두 달 후 잘린 부위 아래서 연두색 새잎이 나오고 있다. 이 삽목은 겨울에 진행했는데 왕성한 성장 시기라면 더 빠르게 자라 나온다.

③ 필로덴드론 삽목

몬스테라 삽목 방법과 동일하다.

◦ 필로덴드론 멜라노크리섬

몬스테라와 마찬가지로 마디마다 뿌리가 자라고 있다.

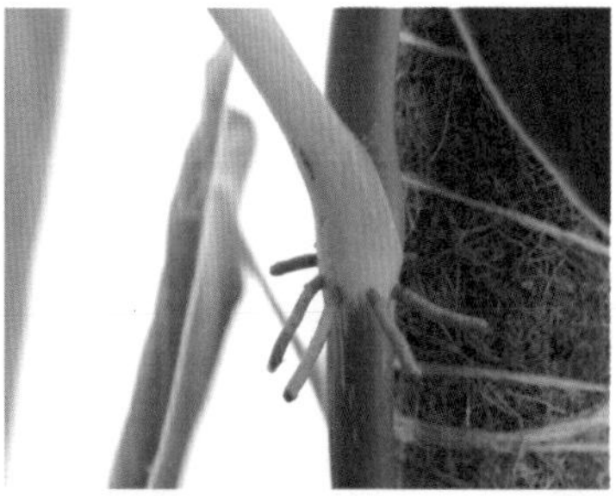

잎과 잎 사이의 마디 중간을 칼로 잘라준다.

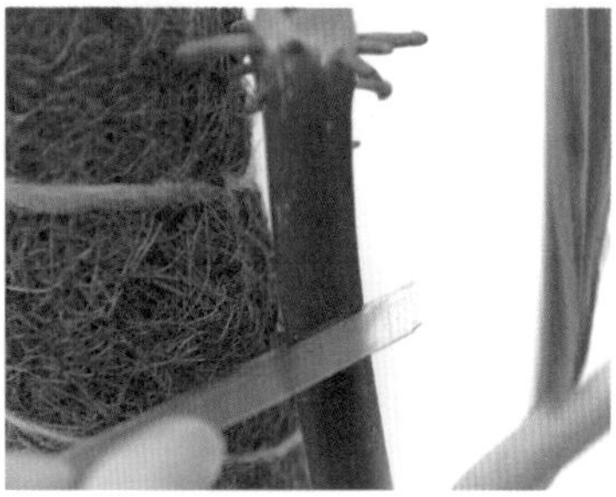

삽수 구분하기

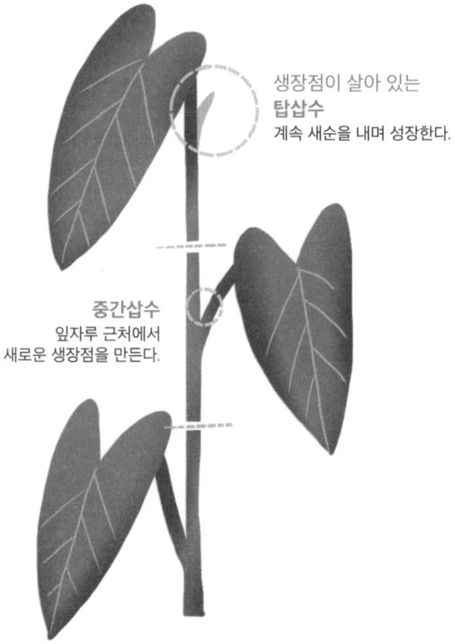

가장 윗부분을 흔히 '탑삽수'라고 하는데, 생장점이 그대로 살아 있기 때문에 화분에서 뿌리만 어느 정도 자리 잡으면 비교적 짧은 시간에 회복하고 새순을 내며 성장한다.

○ 탑삽수

중간 마디의 일명 '중간삽수'다. 뿌리는 이미 나와 있지만, 생장점이 없기 때문에 새로운 생장점이 자라 나올 때까지 시간이 다소 걸린다. 환경에 따라 몇 주에서 몇 개월이 소요되는데 따뜻하고 습도가 높으면 시간이 훨씬 단축된다.

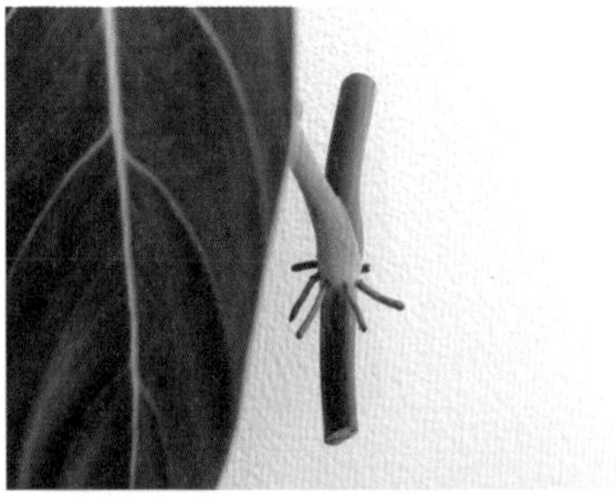

○ 중간삽수

뿌리가 이미 나와 있다면 바로 흙에 심어주고, 뿌리가 없는 경우라면 젖은 수태나 물꽂이로 뿌리를 받아야 한다.

수태 삽목

또 하나 자주 사용하는 방법이 수태를 이용하는 것으로, 활용도가 무궁무진하다. 여기서는 베고니아를 번식할 때 이용하는 수태 삽목법을 예로 알아보자.

먼저 수태를 준비한다. 온라인 등에서 쉽게 구할 수 있다.

수태 전체가 촉촉해질 때까지 물에 충분히 불린다.

수태의 물기를 제거하지 말고 그대로 화분에 옮겨 담는다.
단, 물구멍이 없는 용기나 습도가 높은 밀폐된 온실 등에서 관리하는 경우 수태에서 물이 흐르지 않을 정도로 꾹 짜서 사용한다.

삽목할 잎의 잎자루를 2~3cm 정도 남기고 잘라 삽수를 준비한다.

흔들리지 않고 고정되도록 수태에 꽂아준다. 이후로는 직사광선을 피해 환하고 건조하지 않은 곳에서 수태가 마르지 않게만 관리하면 더 해줄 것이 없다.

수태에서 성장한 새로운 개체들. 개체가 어느 정도 성장하면 수태에서 분리해 흙에 잘 심고 꾸준히 관리하면 된다.

물꽂이

물꽂이는 삽수를 흙에 바로 심지 않고 물에 담가 뿌리가 나올 때까지 관리하다가 뿌리가 뻗어 나오면 흙에 옮겨 심는 방법이다.

대다수 식물이 물꽂이가 가능하고, 장미허브나 콜레우스처럼 물꽂이로 뿌리가 잘 내리는 식물들은 흙에서도 뿌리를 잘 내리기 때문에 굳이 물꽂이를 하지 않는다. 물꽂이는 빠르게 뿌리를 내리기 위해서라기보다는 안전하게 뿌리를 받기 위해 사용하는 방법이다. 흙에서보다 원활하게 수분을 끌어올릴 수 있고, 세균 감염에 의한 무름 증상에도 상대적으로 안전하다. 로즈마리의 경우 바로 흙에 삽목해도 뿌리가 잘 내리는 편이지만, 환경에 따라 흙에서 무르는 경우가 발생하기 때문에 삽목에 계속 실패하고 있다면 물꽂이를 시도해보도록 하자.

이때 주의할 점이 있다. 물에서 나온 뿌리를 흙으로 옮기면 다시 흙에 적응한 뿌리를 만들어야 하는데, 그 과정에서 비료 성분이 과하면 뿌리를 만들지 못하고 물러버리는 경우가 있다.

간단하다. 물을 용기에 담아 삽수를 담그면 된다. 이후 물이 오염되지 않고 산소가 고갈되지 않도록 일주일에 두 번 정도 맑은 물로 갈아준다. 물 속 산소 농도를 맞추고 세균 번식을 최소화하기 위해 과산화수소를 몇 방울 섞어주는 것도좋다.

필자의 경험상 유리병이나 알루미늄 음료캔 용기가 조금 더 효과적이다.

뿌리는 어두운 곳에서 더 잘 생성되는 특성이 있기 때문에 투명한 용기보다는 어두운 것이 더 좋다. 불투명 유리가 없다면 유리를 검은 비닐이나 종이 등으로 감싸 뿌리 부분의 빛을 차단해주는 것도 방법이다.

이제 기다리기만 하면 되는데, 식물에 따라 혹은 환경에 따라 뿌리가 나오는 기간은 다 다르므로 여유를 가지고 기다리자. 사진 속 삽수의 뿌리보다 조금 더 자라면 비료 성분이 과하지 않은 흙에 심어주면 된다.

- **이후 관리**: 강한 빛을 피해 통풍이 원활한 반그늘에서 관리하면 되는데 식물 특성에 따라 환경을 조금씩 달리해주면 더 좋다. 서늘한 기후를 좋아하는 식물이라면 삽수도 서늘하게, 더위를 좋아하는 식물이라면 삽수 역시 따스하게 관리한다.
  뿌리가 나온 후 흙에 옮겨 심을 때 일반적인 상토라면 크게 문제되지 않으며, 뿌리가 흙에 완전히 활착할 때까지 일반 비료 사용은 금한다. 무비료 상토나 순수 코코피트에 심어 뿌리를 내리는 것도 좋은 방법이다.

취목

취목은 가지를 잘라 삽목하기 어려운 식물, 그러니까 두껍고 큰 가지들도 성공할 수 있는 번식 방법이다. 목본류 식물이라면 대부분 가능하고 안정적으로 뿌리를 내려 화분에 이식하는 것도 상대적으로 쉽다. 우리가 많이 키우고 있는 벵갈고무나무로 취목 번식을 해보자.

먼저 길고 튼튼하게 자란 가지를 선택한다.

어느 정도 크기로 개체를 나눌지 결정하고, 뿌리가 나올 자리의 표피를 위아래로 둥글게 잘라 벗긴다.

- 이렇게 표피를 둥글게 벗겨주는 것을 '환상박피'•라고 한다. 정확하게는 표피를 벗겨낸 후 체관••과 형성층•••까지 제거해서 양분이 뿌리까지 가지 못하고 상층부에 머물게 해, 새로운 뿌리를 생성하도록 하는 방법이다. 용어가 어렵지만 그저 표피보다 조금만 더 깎아준다고 생각하면 된다. 덜 제거해도 표피가 벗겨진 상태라면 성공률은 높다.

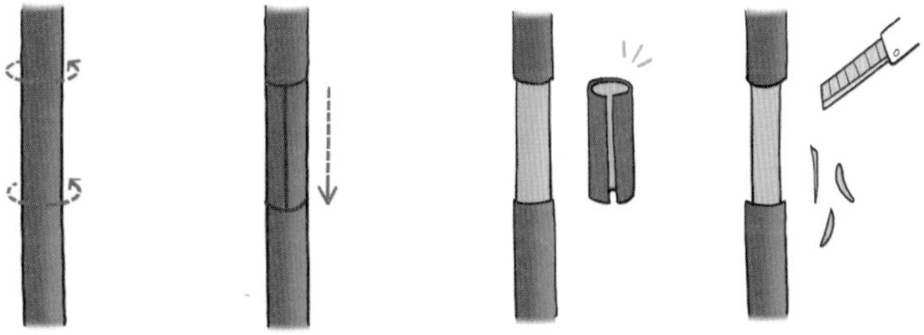

• 과수에서는 양분이 하단부로 내려가는 길을 막아 착과율을 높이는 데 사용하기도 한다.
•• 잎에서 만들어진 광합성의 산물이 줄기와 뿌리로 이동하는 통로.
••• 쌍떡잎식물의 물관과 체관 사이에 있는, 부피생장이 일어나는 세포로 나이테가 형성되는 곳.

비닐에 물에 젖은 수태나 젖은 흙을 채워 잘 묶어준 뒤, 뿌리가 나올 때까지 기다리기만 하면 된다.

표피가 벗겨진 자리에 수태 봉지를 묶어놓은 모습. 취목 역시 해당 식물이 한창 성장하고 세력이 좋을 때 해줘야 실패도 없고 뿌리도 빠른 시간에 생성된다.

사진 속 벵갈고무나무는 한창 성장하는 여름에 취목을 진행했다.

약 2주가 지난 후 뿌리가 수태를 감싸며 충분히 자라 나왔다. 하얀 부분이 뿌리.

뿌리가 잘 내린 것이 확인되면, 가지에서 잘라 분리한다. 새로 심을 화분을 준비한다.

화분에 옮겨 심을 때 수태를 살살 제거해도 되지만 연약한 뿌리가 손상될 위험이 있기 때문에 그대로 흙에 심어도 무방하다. 또 하나의 멋진 고무나무가 탄생하는 순간이다.

포기 나누기(뿌리 나누기)

뿌리를 통해 새로운 개체를 만들어내는 초본류는 가지가 없기 때문에 당연히 삽목이나 취목은 할 수 없다. 이런 경우 촉마다 뿌리를 나눠주는 포기 나누기 또는 뿌리 나누기로 번식할 수 있다. 그런데 화분에서 자란 식물은 뿌리들이 서로 얽혀 있기 때문에 나누는 과정에서 자칫 뿌리가 손상될 우려가 있다. 물론 쉽게 뿌리가 다치는 식물들은 대개 새 뿌리를 잘 내지만 완전히 활착하는 데까지 제법 시간이 걸리기도 하니 주의가 필요하다.

나누는 방법

- 화분에서 식물을 빼낸 후 기존 흙을 살살 털어내고 조심스럽게 뿌리를 서로 분리한다. 이때 무리하게 힘으로 당겨 분리하면 많은 뿌리가 손상돼 회복하는 데 시간이 오래 걸리니 조심하자.

- 또 다른 방법은 화분에서 빼낸 후 물에 담가 뿌리를 손으로 살살 풀어주면서 분리하는 것이다. 이 방법은 시간 여유를 갖고 천천히 하면 뿌리 손상을 최소화할 수 있는데, 뿌리가 심하게 얽혀 있는 경우라면 힘든 작업이 될 수도 있다.

- 필자가 가장 많이 쓰는 방법은 화분에서 빼낸 후 굳은 흙만 살살 털어내고 날카로운 칼로 단번에 잘라주는 것이다. 잘린 단면은 손상을 입지만 그 외 부분은 손상이 없고 소독된 날카로운 칼로 잘린 단면은 회복도 훨씬 빠르다.

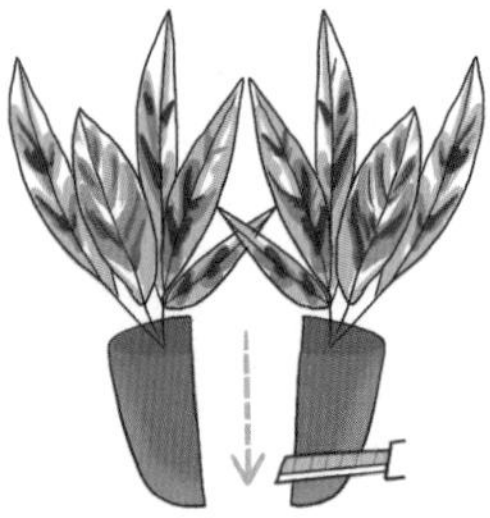

◦ 소독된 칼로 단번에 나눈다.

풍성하게 자란 스트로만테를 나눠 독립된 개체로 만드는 과정을 살펴보자.

스트로만테가 새로운 촉을 만들며 잎이 서로 겹쳐 자라고 있다.

촉이 올라온 위치를 확인하고 적당히 자를 위치를 결정한다.

소독된 날카로운 칼로 뿌리 끝까지 단번에 힘 있게 잘라준다. 겁낼 필요 없다. 힘으로 잡아 뜯는 것보다 상처를 최소화할 수 있는 방법이다.

깔끔하게 잘려 나온 개체의 흙을 살살 털어낸다. 이때 엉킨 뿌리는 조금 정리해줘도 무방하다.

자른 개체를 독립된 화분에 심고 반그늘에서 며칠간 회복 기간을 준다.
9개의 개체로 늘어났고, 독립된 개체는 다시 새로운 촉을 만들며 자랄 것이다.

- **주의 사항:** 뿌리를 나눌 때는 새로운 촉이 어느 정도 자랐을 때(모체의 40~50%) 분리해주는 것이 좋다. 너무 작을 때 나누면 작은 개체가 세력을 회복하고 활발히 성장하기까지 시간이 오래 걸리기 때문이다. 간혹 식물에 따라 자구가 자랄수록 모체가 양분을 뺏겨 급격하게 약해지는 경우도 있으니 충분히 관찰해야 한다. 외떡잎식물의 경우는 쌍떡잎식물과 달리 부피생장을 하지 못하기 때문에 새로운 개체를 만드는 경우가 많은데, 주기적으로 분리해주면 또 다른 자구를 만들어내며 자란다.

제5장

원하는 대로 수형 만들기

가지치기 / 외목대 만들기

식물이 새순을 내고 꽃을 피우고 하루가 다르게 변하는 모습을 보고 있노라면
그저 신기하고 재미있다. 여기에 더해 자신이 좋아하는 방식으로
식물을 길러보면 그 기쁨이 몇 배가 된다.
지금부터 각자 원하는 모양으로 수형을 잡아가는 방법을 알아보자.

가지치기의 방법과 원리

식물을 키우다 보면 가지치기를 해줘야 할 시기가 반드시 찾아온다. 가지를 치는 목적이나 방법도 저마다 다르다.

과일나무의 경우 가지를 치면 싱싱한 과실을 많이 수확할 수 있고, 관상용 식물의 경우에는 잎을 풍성하게 만들거나 웃자란 가지를 잘라 원하는 수형을 만들어가는 목적이 있다. 수형을 잡으려 할 때는 안정감을 위한 것이냐 풍성함을 위한 것이냐에 따라 가지치는 횟수가 달라진다.

놀랍게도 자연에서 자란 나무 중에서도 마치 솜씨 좋은 누가 다듬은 것처럼 스스로 균형 잡힌 수형을 만들며 자라는 경우가 많다. 오히려 실내에 두었다가 그 능력을 충분히 발휘하지 못해 웃자라 늘어지고 쓰러지기도 하니 가지치기를 해줄 필요가 있다.

가지치기 시기

- 봄에 하는 것이 무난하지만 식물과 환경에 따라 다르다.
- 풍성한 수형을 갖기 위한 가지치기라면 성장세가 좋을 때 수시로 해주며 모양을 잡아나가면 된다.
- 자연스러움을 원한다면 가지가 길게 자라 늘어지기 시작할 때 해주면 좋다.

- 실내에서 연중 성장하는 경우라면 언제든 가능하다. 하지만 역시 성장세가 제일 좋을 때 해주는 것이 원활한 가지 분화에 도움이 된다.
- 주의할 점: 일 년에 한 번 꽃을 피우는 식물은 가지를 치면 꽃을 만들지 못하기 때문에 꽃이 지고 난 후 해주는 것이 좋다.

생장점 살펴보기

생장점은 식물이 새순을 내며 계속 자라는 부분이다. 식물을 잘 관찰해보자.

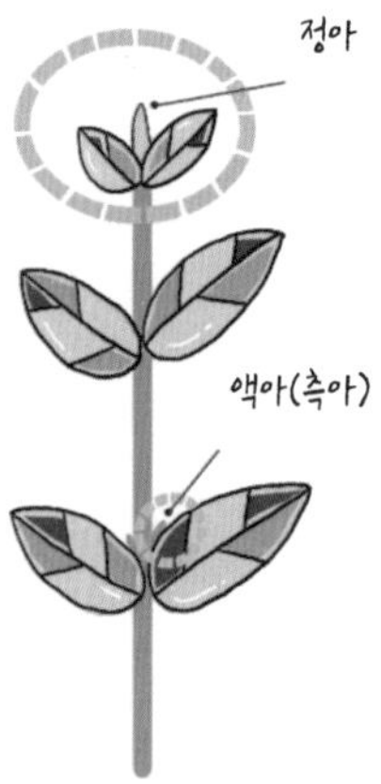

새순이 나오는 부분이 보인다면 그곳이 바로 생장점인데 대부분 가지 끝에 있다. 위치에 따라 중심줄기의 생장점을 정아, 아래쪽 잎자루 끝에 잠재되어 있는 생장점을 액아라고 분류하기도 하지만, 일상적으로는 곁눈, 곁가지라는 용어를 더 자주 쓴다.

하나의 중심가지로 키를 키우는 식물이라면 생장점이 하나이고, 하나의 생장점을 제거해주면 위로 더 자랄 수 없는 식물은 곁가지를 내면서 가지가 분화한다. 하나의 가지가 분화해서 두 개가 되었다면, 각 가지에서 새순이 자라 나오는 부분이 다시 생장점이 된다. 하나의 생장점이 가지치기로 두 개의 생장점으로

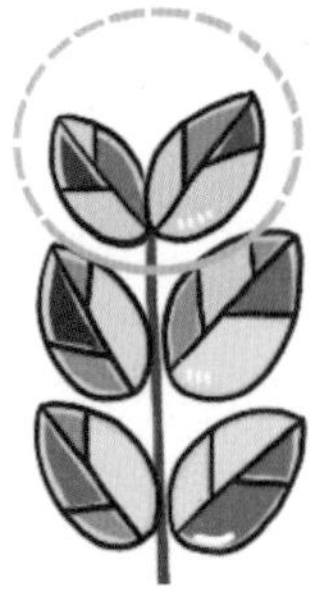
새순이 나오는 생장점

생장점을 잘라준다.

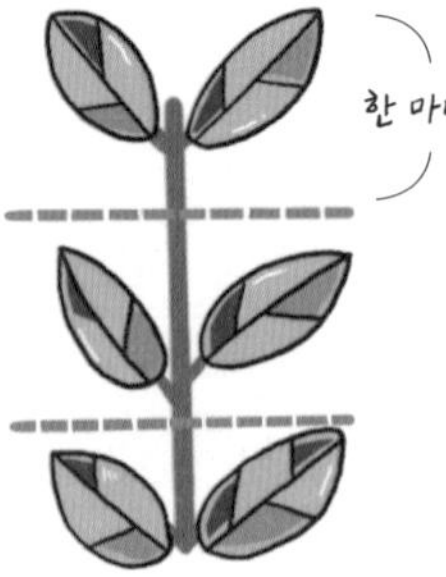

분화한 것이고, 다시 두 개의 생장점을 네 개의 생장점으로 만들 수 있다. 결국 가지의 수가 생장점의 수라고 생각하면 쉽다.

편의상 잎과 잎 사이 절간을 한 마디라 하고, 가지가 자라 나오는 상태나 환경에 따라 마디 수를 결정해 잘라나간다.

가지의 분화 과정

식물은 대부분 잎자루의 시작점에 곁눈을 가지고 있고, 호르몬의 분비가 많아질 때 잠재되어 있던 곁가지가 자라 나온다. 그런데 생장점이 손상되면 생장점으로 몰려 있는 호르몬과 양분이 곁눈을 자극해 새로운 생장점을 만들어 낸다.

식물의 종류에 따라서 일반적으로 잎이 서로 마주 보며 자라는 식물과 서로 어긋나며 자라는 식물이 있는데, 각 경우에 어떻게 가지가 분화하는지 알아보자.

잎이 서로 마주 보고 나는 식물의 생장점을 잘라주면 잎 사이에 잠재되어 있던 곁눈들이 Y의 형태로 자라 나온다. 가지가 균형감 있게 자라 나오기 때문에 쉽게 수형을 만들어줄 수 있고, 예측도 가능하다.

- 예: 장미허브, 콜레우스, 로즈마리 등

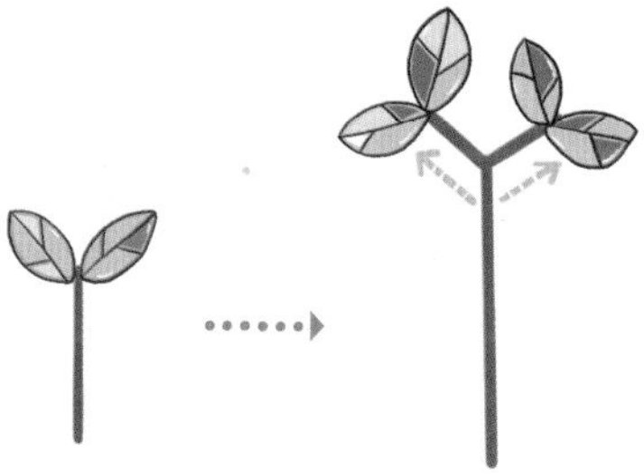

잎이 서로 어긋나며 자라는 경우도 잎의 사이에서 새로운 가지가 나오지만, 상대적으로 수형을 만들어가는 시간이 오래 걸린다. 웃자라 마디가 길어지면 수형을 만들기 어렵기 때문에 최대한 해를 잘 보여주며 관리해야 한다.

- 예: 고무나무, 홍콩야자, 장미 등

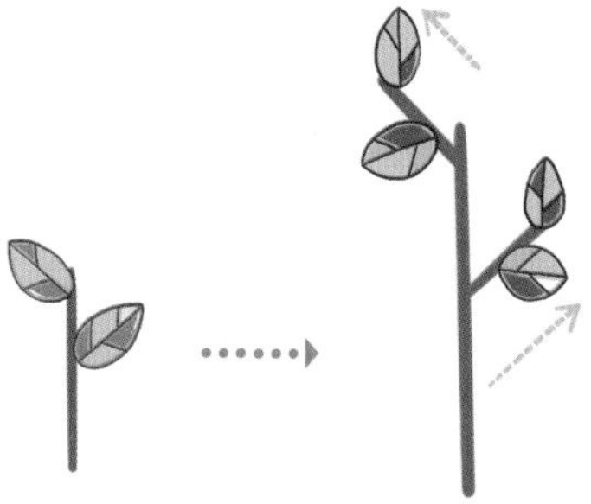

물론 목수국이나 나비수국처럼 잎이 세 장씩 나는 식물은 더 빠르게 수형을 만들어갈 수 있지만 아주 흔한 경우는 아니다.

그럼 작은 유묘나 삽목으로 시작하는 외목대 만들기를 알아보면서 가지치기의 감각을 길러보도록 하자.

◦ 가지치기를 통해 모양을 갖춘 월계수(왼쪽)와 브레이니아(오른쪽)

외목대 만들기

유묘부터 가지치기를 거쳐 외목대로 키우기까지

생장점이 잘리지 않은 유묘나 삽목 가지를 준비한다.

원하는 크기로 자랄 때까지 가지치기를 하지 않고 키운다. 해만 잘 보게 해준다.

원하는 크기로 자랐다면 맨 위 생장점을 자른다.(잎과 잎 사이 마디)

생장점이 잘린 식물은 곁가지를 만들며 분화하기 시작한다.

곁가지가 나오면 중심가지 잎들은 제거해줘도 무방하지만 잎 장수가 적어진 만큼 물 관리에 주의하자.(과습 주의)

가지가 어느 정도 자라 나오면 다시 한 번 각 가지의 생장점을 잘라주면 되는데, 어느 정도 길이에서 잘라줄지는 선택의 문제다. 짧게 잘라주면 더 풍성하게 자라겠지만, 더 오랜 기간과 더 많은 가지치기가 필요하다.

가지가 분화할 때마다 반복해서 생장점을 잘라준다. 두 마디 혹은 세 마디 등으로 나름의 기준을 정해서 잘라주면 좋다.

가지가 많아지면서 잎도 점점 풍성해지는데, 이때부터는 원하는 수형으로 가지를 잘라주거나 다른 가지에 비해 길게 자란 가지를 잘라주면 된다.

수형이 완성되면 길게 자라는 가지들만 적당히 잘라주면 어렵지 않게 관리할 수 있다. 가지가 많고 풍성해질수록 잎은 점점 작아지는 경향이 있기 때문에 보기에는 좋을 수 있지만 과하면 세력이 약해질 수 있으니 주의하자.

◦ 같은 방법으로 수형을 만든 프렌치 라벤더

◦ 앙증맞은 외목대로 키우고 있는 피어리스들

제6장

도시 가드너를 위한 환경 만들기

몇 년 전부터 부쩍 식물을 키우는 도시 가드너가 많아졌다. 방 한구석, 아파트 베란다, 사무실 책상 위 등 공간만 생기면 좋아하는 식물로 꾸미고 돌보는 모습을 흔히 볼 수 있다. 잘 키워 나눔하는 모습도 눈에 띈다. 이 장에서는 도시 가드너들이 어떻게 하면 자신이 처한 환경을 보완해 식물에 필요한 환경을 만들 수 있을지 알아본다.

햇빛 보충해주기

빛이 부족하다면 생장등

우리는 대부분 실내에서 식물을 키운다. 그때 가장 문제가 되는 것이 빛이다. 빛이 부족하면 대부분의 식물들이 점차 약해진다. 빛이 잘 드는 환경이 중요한데, 해가 충분히 들지 않는 집도 많을뿐더러 설령 빛이 들어온다 해도 동향 창이라면 빛 부족은 피할 수 없다. 반대로 빛이 풍부한 남향 집도 여름에는 태양의 고도가 높아지면서 빛이 부족해지기 십상이다. 게다가 가을과 겨울에는 일조량이 현저히 감소하고 여름에는 장마가 길게 이어질 때도 있다.

이렇게 자연 채광이 모자라는 시공간적 환경에서는 부족한 빛을 보충해 광합성을 할 수 있도록 도와주는 식물 생장등을 사용하면 된다.

식물 생장등 선택 기준

식물의 엽록소는 단파장인 청색 영역과 장파장인 적색 영역을 높은 비율로 흡수해 광합성을 한다. 식물 생장등은 바로 이 점에 착안해 만들어진 전등이다.

생장등이 만들어진 초기에는 주로 식물 공장에서 사용했지만 이후 소비전력을 낮추고 일반 가정용 전구로도 확산되어 요즘은 식물을 키우는 개인도 생장등을 흔히 사용한다. 단점이 있다면, 자연광과 달리 청색과 적색이 혼합된 전구 불빛이 많이 부담스럽다는 점이다. 다행히 최근에는 여러 스펙트럼을 조화시켜 실내등에 가까운 색을 구현하고 있으니, 여러 제품을 비교해보고 구매하길 바란다.

다만 식물 생장등 하나로 식물이 이전과 확연하게 달라지는 드라마틱한 효과를 기대한다면 실망할 수도 있다. 식물 생장등은 어디까지나 보조등이며 절대 햇빛을 대신할 수 없다. 물론 식물 하나당 식물등도 하나씩 배치해 가까이 비춰준다면 햇빛이 없는 곳에서도 식물을 키울 수는 있다. 하지만 대개는 한정된 전구로 많은 식물을 비춰야 하는 여건이므로 어쩔 수 없이 식물로부터 조금 떨어진 위치에 설치하게 된다. 전구와 식물의 거리가 멀어질수록 파장의 세기가 현저히 줄어들기에 효과는 반감될 수밖에 없다. 이 또한 기술 발전으로 점차 극복될 거라 기대하고 있다. 실제로 요즘은 전구형뿐 아니라 막대형, 라인형, 집게형 등 다양한 식물등이 출시되고 있고 색감도 편안하게 바뀌고 있다.

필자의 경우 각 제품의 특징을 알아내려고 일부러 여러 제조사의 생장등을 구매해 사용해보기도 했는데, 소비전력이 높은 제품일수록 효과도 더 좋았다.

가정용으로 출시되는 식물 생장등은 소비전력이 대부분 10W~20W 사이 제품이 많다. 물론 300W 이상의 제품도 있지만 선풍기 한 대의 소비전력이 100W 내외인 걸 감안하면 여러 개를 설치하는 게 부담이 될 수도 있다. 소비전력이 비슷한 제품이라면 제조사나 제품별로 큰 차이는 없다.

생장등을 구입할 때는 제조사마다 적어놓은 정보를 잘 살필 필요가 있다. 특히 PPFD(광합성광량자속밀도)는 1초 동안 쏟아지는 광량자의 양을 나타낸 값으로, 대부분 식물과의 거리 30cm를 기준으로 시험값을 표기하고 있다. 광량자의 값이 높으면 광합성이 활발히 일어나기 때문에 참고할 만한 수치다.

생장등 사용시 주의 사항

1. 적정 거리 유지하기: 식물등이 식물과 가까이 설치되어 자체 광합성을 할 정도라면 문제가 없다. 반면에 너무 높이 혹은 너무 멀리 설치된 식물등은 오히려 호흡작용을 방해할 수 있다. 실제로 가로등 밑에서 자란 식물의 경우, 빛을 가까이서 받은 식물에 비해 수확량이 현저히 떨어진다는 글을 본 적이 있다.

○ 전구형 생장등이 식물을 비추고 있다.

2. 낮에 켜고 밤엔 끈다: 식물은 낮에 주로 광합성을 하고 밤에는 호흡을 하며 에너지를 소비해 성장한다. 그래서 식물등도 자연 조건에 맞춰주는 것이 좋다. 필자는 식물 생장등을 처음 사용할 때 24시간 연속으로 비춰준 적이 있는데 그렇다고 성장 속도가 빨라지지는 않았다. 낮엔 보조등 개념으로 켜주고 밤에는 충분히 어두운 환경이 되도록 꺼주는 것이 생장 리듬에 가깝다. 리듬이 깨진다고 당장 문제가 생기진 않지만 노화가 빨라질 수 있다.

3. 과열: 식물 생장등은 상당히 많은 열을 내뿜기 때문에 열 방출이 쉽도록 제작된 형태가 많다. 생장등이 보급된 초창기엔 고온으로 전구 이음새가 녹아 떨어지거나 내부의 배선이 녹아내리는 일이 있었다. 국산 제품은 교환이라도 받았지만 국적 불명의 전구는 그대로 버려야 했던 기억이 있다. 요즘 출시되는 제품들은 이런 문제가 상당히 개선되었고 실제로 최근에 구입한 생장등은 열 방출이 덜한 느낌이다. 하지만 생장등 특성상 완전히 해결할 수는 없는 듯하다.

4. 콘센트 타이머 사용: 과열을 방지하는 가장 간편하고 좋은 방법은 콘센트

타이머를 이용하는 것이다. 다양한 종류가 나와 있어 온라인 등에서 저렴하게 구매할 수 있다. 원하는 시간을 선택해 켜고 끌 수 있기 때문에 편리하며 전구의 과열을 막을 수 있다. 필자의 경우 45분간 켜지고 15분간 꺼지도록 타이머를 맞추고 있는데, 각자의 필요에 맞게 사용하면 된다. 출근을 하거나 집을 비워야 하는 사람이라면 꼭 하나 있어야 하는 아이템이다.

5. 전등 갓 제거하기: 스탠드형 생장등을 사용하는 사람이 많은데, 갓이 전구를 가까이 감싸지 않고 그대로 열을 방출하는 형태가 좋다. 가능하다면 갓을 제거하고 사용하길 권한다. 전등 갓이 감싼 구조는 열 발산을 막아 전구의 수명을 단축시킬 우려가 있기 때문이다. 베란다 천장에 레일을 설치할 경우에도 전구 소켓은 갓이 없는 구조가 더 좋다. 식물 생장등은 LED 전구를 사용하기 때문에 열이나 충격에 의한 문제만 없다면 상당히 오랜 기간 사용할 수 있는 장점이 있다.

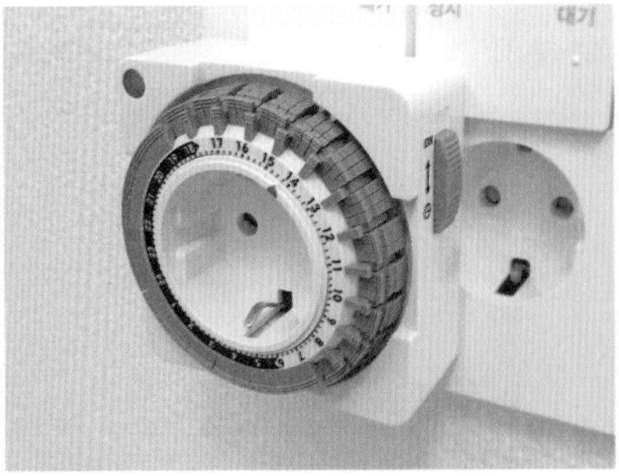

○ 콘센트 타이머. 시간을 맞춰두면 자동으로 켜지고 꺼진다.

○ 스탠드형 식물등. 전등 갓은 자칫 열 방출을 막아 전구 수명을 단축시킬 수 있다.

통풍, 환기해주기

서큘레이터와 선풍기 활용하기

적당한 공기 흐름은 식물이 원활한 광합성을 하는 데 꼭 필요하다. 공기가 정체되면 이산화탄소가 제대로 공급되기 어렵고 광합성량이 현저히 떨어지기 때문에 식물이 점점 약해진다. 봄부터 가을까지는 환기나 통풍에 큰 어려움이 없다. 하지만 겨울엔 한 번의 환기도 조심해야 한다. 특히 열대식물의 경우 청소를 위해 잠깐 창문을 열어두는 것만으로도 돌이킬 수 없는 냉해를 입기도 한다. 겨울에 환기를 한다면 열린 창문 앞에 있는 식물은 춥지 않은 곳으로 옮겨주는 것이 좋다. 추운 계절에는 한 번의 환기도 조심스럽기 때문에 원활한 공기 흐름을 만들기가 더욱 어렵다.

그럴 때는 서큘레이터나 선풍기를 이용해 강제로 공기를 순환시켜주는 방법이 있다. 온도와 습도를 약간 떨어뜨린다는 문제는 있지만 공기를 주기적으로 순환시킬 수 있다는 장점 때문에 많이 사용하는 방법이다. 공기 순환 장치로 새로운 공기를 유입시키고, 서큘레이터나 선풍기로 순환을 도와주면 더욱 효과적이다.

사용시 주의 사항

1. 방향: 식물에 바람이 직접 닿지 않도록 벽이나 천장을 향하게 해서 공기를 순환시킨다. 선풍기라면 약한 회전바람으로 하면 좋다.

2. 세기: 강한 바람을 직접 맞으면 식물은 과도한 수분 증발을 막기 위해 기공을 닫아버려 온전한 광합성이 일어나지 못한다. 따라서 잎이 살짝 살랑거리는 약풍 정도로 전체적인 공기 순환을 해주는 것이 중요하다. 요즘은 아파트 등에 공기 순환 장치가 돼 있는 경우도 많은데 창으로 환기가 어려운 겨울에 아주 유용하게 사용할 수 있다.

3. 여름철 사용: 서큘레이터는 겨울뿐 아니라 장마철에도 활용할 수 있다. 습한 장마철 공기가 정체돼 있다면 식물에 직접 바람이 닿지 않도록 에어컨을 틀고 서큘레이터를 작동해 공기를 순환시켜주면 된다. 태양열이 너무 강하고 바람이 없는 날도 같은 방법으로 순환시키자.

○ 식물에 직접 닿지 않게 공기 흐름을 만들어주면 좋다.

습도 맞추기

식물 생장등으로 부족한 빛을 보충해주고 서큘레이터로 공기를 순환시켜주면 식물의 건강에 별탈은 없다. 다만 겨울에는 또 하나의 아이템, 가습기가 필요하다. 겨울이 되면 난방을 하게 돼 실내 온도는 올라가는 대신에 습도는 크게 떨어진다. 건조에 강한 식물이라면 문제가 없지만 우리가 실내에서 주로 키우는 관엽식물들은 낮은 공중 습도에 상당히 취약하다. 특히 잎이 얇은 식물들은 이런 건조함을 견디지 못하고 가장자리부터 잎이 말라가거나 새순이 자라지 못하는 경우도 생긴다.

이런 문제를 해결하기 위해 공중 분무를 해주기도 하지만 식물 옆에 하루 종일 지키고 앉아 분무를 해줄 수는 없는 노릇이니 가습기를 활용해보자.

가습기 사용시 주의 사항

1. 실내 공간의 크기에 따라 가습기의 용량을 선택한다. 용량이 너무 커도, 너무 작아도 효과가 떨어진다.

2. 낮과 밤의 습도가 다르지만 관엽식물을 기준으로 50~60% 정도의 습도라면 무난하다. 식물을 키운다면 온습도계 하나쯤은 꼭 필요하다.

3. 열대식물의 경우 습도가 더 높으면 좋겠지만 인간과 공존해야 하므로 이

정도에서 타협하기로 하자. 해가 잘 드는 낮에는 습도가 떨어지지만 광합성을 활발하게 하는 잎은 충분한 수분을 공급받고 기공을 열어 수분을 배출하기 때문에 큰 문제가 되지 않는다.

'식물 하나 키우기가 왜 이리 복잡해?', '이렇게까지 해줘야 하나?'라는 불만이 생길 수도 있다. 하지만 식물을 조금이라도 더 잘 키우려 한다면 이런 세심한 조치가 큰 도움이 된다. 공기 순환이나 적당한 습도는 비단 식물뿐 아니라 사람에게도 중요한 만큼 모두에게 필요한 쾌적한 환경을 만든다고 생각하면 좋겠다. 물론 이 모든 조치는 각자의 선택일 뿐, 필수는 아니다.

우리집 방향에 맞는 식물 고르기

식물을 키우는 데 가장 중요한 건 역시 햇빛, 즉 태양 에너지다. 그래서 거주하는 공간의 베란다나 창의 방향에 따라 키울 수 있는 식물 종류가 달라진다고 해도 과언이 아니다. 각 방향의 특성을 간략하게 살펴보자.

방향	일조 시간	빛의 세기	적합한 식물
동향	☀	약	잎이 큰 관엽식물, 고사리, 야자나무 등
남동향(동남향)	☀☀	중	대부분의 관엽식물, 페라고늄 등
남향	☀☀☀	강	관엽식물, 페라고늄, 허브식물, 다육식물 등 대부분의 식물이 가능
남서향	☀☀	강	남향과 같지만 관엽식물의 경우 한여름엔 부분 차광이 필요할 수 있다.
서향	☀	강	다육식물, 관엽식물(일부 차광 필요)
북향	간접	간접	스킨답서스, 스파티필름 등

동향

해가 뜰 때부터 빛이 깊숙이 들어오지만 오전이 지나면 더 이상 해가 비추지 않는다. 사계절 내내 빛이 들되 겨울로 갈수록 일조 시간은 점점 짧아진다. 노지의 직사광선이라면 오전 빛만으로도 충분하나, 창을 투과하는 베란다 빛으로는 역시 부족하다.

- **적합한 식물**: 잎이 큰 관엽식물과 고사리, 일부 야자류의 식물을 키우기에 큰 무리는 없다.

남동향(동남향)

동향과 특징이 유사하지만 해가 조금 더 오래 머문다. 사계절 해가 잘 들기 때문에 빛 요구량이 많지 않은 식물이라면 가장 이상적인 환경이라 할 수 있다.

- **적합한 식물**: 고사리나 야자류는 물론이고 대부분의 관엽식물들을 건강하게 키워낼 수 있다.

남향

해가 뜰 때부터 질 때까지 가장 오래 빛이 드는 방향이다. 가을, 겨울, 봄까지는 해가 잘 들기 때문에 온실 부럽지 않은 베란다를 만들 수 있다. 다만 여름에는 태양의 고도가 높아지면서 해가 들지 않는다는 단점이 있는데, 그럼에도 모든 종류의 식물들을 키워낼 수 있는 방향이다. 고온다습한 여름에 해가 들지 않게 되면 식물들이 웃자라기 때문에 최대한 통풍에 신경 쓰고 물도 아껴 줘야 한다. 단, 창가에 붙어 있어 빛을 직접 받는 경우라면 뜨거운 열로 잎이 마르고 화상을 입을 수 있으니 항상 흙이 마르지 않도록 해주어야 한다. 가을이 오면 웃자란 가지들은 정리해주면 된다. 밖은 눈이 하얗게 덮인 한겨울임에도 만발한 페라고늄(제라늄)들이 가득했던 남향 베란다의 풍경을 잊을 수 없다.

- **적합한 식물**: 어떤 식물이라도 키워낼 수 있다. 위치에 따라 해가 드는 시간이 차이를 보이기 때문에 충분히 빛의 변화를 관찰한 후 햇빛 요구량에 맞게 식물을 잘 배치해주어야 한다.

남서향

오전 후반부터 오후까지 상당히 강한 빛이 오랫동안 드는 방향이다.

- **적합한 식물**: 남향과 마찬가지로 자리 배치에 조금만 신경 써주면 허브나 꽃나무, 다육식물 등 어떤 종류도 건강하게 키울 수 있다. 서쪽에서 드는 빛은 자외선 수치가 높기 때문에 곰팡이가 잘 생기지 않고 식물들도 웃자라지 않는다. 다만 빛이 강하기 때문에 관엽식물의 경우 여름에는 부분 차광을 해줘야 하는 경우도 있다.

서향

오전 빛은 들지 않고 오후 빛이 강하게 들어오는 방향이다. 빛이 드는 시간은 길지 않지만 갑자기 뜨겁고 강한 빛이 들어오며 자외선도 강하다.

- **적합한 식물**: 일부 허브식물이나 다육식물, 관엽식물 등을 키울 수 있지만 일조 시간에 아쉬움이 많다. 준비 없이 갑자기 강한 빛이 들어오기 때문에 반음지 식물의 경우 부분 차광이 필요하고 특히 여름에는 잎이 화상을 입지 않도록 주의해야 한다.

북향

해가 직접적으로 들지 않기 때문에 식물을 건강하게 키워내기 쉽지 않고, 식물 생장등 같은 보조 수단이 필요하다.

- **적합한 식물**: 음지 내성이 있는 일부 고사리류나 스파티필름, 스킨답서스 등 빛 요구량이 높지 않은 일부 관엽식물에 적합하다.

평소 좋아하는 식물 종류에 따라 방향 선호도도 개인마다 다를 것이다. 필자가 사는 집은 거실은 동남향, 작은방은 남서향이라 직접 비교가 가능했고, 온실 역시 동쪽과 서쪽으로 나눠 비교를 많이 해본 편이다. 지극히 개인적인 선호도를 말하자면 남서향 〉 남향 〉 남동향 〉 서향 〉 동향 〉 북향 순이다.

굴광 현상

식물은 해를 받는 반대 방향에서 옥신 호르몬이 증가한다. 그 결과, 한쪽만 성장하면서 식물이 빛 쪽으로 굽는 현상이 나타난다. 베란다는 창 쪽에서만 해가 들어오기 때문에 주기적으로 화분을 돌려주면서 고루 빛을 받게 해줘야 균형 있게 자랄 수 있다.

◦ 굴광 현상

우리집의 반양지, 반음지는 어디일까?

식물을 구입할 때 많이 듣는 말 중에 "양지나 반양지에서 키우세요" 혹은 "반음지(반그늘) 식물입니다"라는 것이 있다.

양지면 양지고 음지면 음지지 반양지, 반음지는 뭘까? 반양지와 반음지를 같은 의미로 사용하기도 하고 분류하기도 하는데, 흔히 쓰는 용어임에도 정확한 기준이 없고 정답도 없다. 말하는 사람과 듣는 사람이 서로 다른 기준으로 말하고 받아들이기 때문에 '정의'보다는 '기준'이 더 시급한 것 같다.

예컨대 오전에만 빛이 들고 오후에는 빛이 들지 않는 곳을 '반양지'라고 하는 의견이 있고, 차광된 빛이 들어오는 것을 반양지라고 하는 의견도 있다. 물론 둘 다 맞는 말이다. 하지만 우리가 무엇인가를 나누는 이유는 좀 더 쉽게 분별하고 이해하기 위함인데, 전자의 경우 모호한 경계가 생긴다. 가령 오전 10시까지 해가 드는 곳은 그럼 반반양지라고 해야 할까? 게다가 말하는 사람이 어디를 기준으로 하는 것인지 알 수 없다. 실외를 기준으로 반음지 식물이라 한다면, 실내에서는 상당히 밝은 곳에서 키워야 하는데 그것도 헷갈린다. 실외와 실내는 환경이 너무 다르기 때문에 정확한 기준을 세우는 것도 어렵다. 다만 한 가지, 반음지 식물이라 해도 실내에서는 바로 빛을 받게 해주어야 건강하게 키울 수 있다. 필자가 생각하는 기준을 잠깐 소개한다.

양지(실외)

직사광선을 바로 받는 환경을 말하며, 직사광선은 말 그대로 어떠한 방해물도 있어서는 안 된다. 물론 환경에 따라 종일 해가 드는 곳이 있고 오전에만 해가 드는 곳이 있지만 모든 환경에서 오래도록 키워본 결과, 직사광선이라면 오전 빛만으로도 어떤 식물이든 건강하게 키워낼 수 있다. 양질의 빛이 충분하다면 식물은 오전 중에 광합성을 거의 끝내기 때문에, 빛을 오래 받는 것도 중요하지만 그보다 양질의 빛이 더 중요하다.

실내를 기준으로 한다면 베란다의 창과 방충망까지 다 열고 받는 빛이다.

반양지(베란다/거실)

직사광선이 방충망이나 유리창 등을 투과해 차광된 빛이 닿는 환경을 말한다. 빛의 가시광선은 유리창을 통과하면서 일정 부분 반사되는 경향이 있다. 그래서 육안으로 보기엔 큰 차이가 없는 것 같아도 실제 광량이나 파장의 차이는 크다.

거실로 들어오면 이중창으로 걸러진 빛을 반양지라고 할 수 있을지 모호해지는데, 이중창으로 걸러진 빛은 우리 눈으로는 밝아 보이지만 파장이 균일하지 못해, 빛의 요구도가 높은 식물들은 웃자라기 쉽다.

반음지(거실)

직사광선이나 차광된 빛이 직접 닿지 않지만 간접적인 빛의 영향으로 밝은 환경을 말한다. 실내를 기준으로 한다면 거실 안쪽 정도가 되겠지만, 실외의 반음지와는 엄청난 차이가 있기 때문에 음지에 내성이 있는 몇몇 식물을 제외하고는 생육하기에 적당한 장소는 아니다.

간편하게 우리집 조도 측정하는 법

앱(어플) 활용하기

간단하게 빛의 밝기를 측정할 수 있는 방법을 알아보자.

먼저 스마트폰에서 Light Meter를 검색하면 여러 앱이 나올 텐데, 그중 마음에 드는 앱을 골라 다운받는다. 스마트폰 렌즈를 통해 측정되는 방식이기 때문에 원하는 장소에서 빛이 드는 쪽으로 렌즈를 맞추기만 하면 된다. 식물을 자리 배치할 때 이 앱을 이용해서 식물의 햇빛 요구도에 맞춰 활용할 수 있다. 물론 실내로 투과된 빛은 광량자의 수치나 파장 등 여러 변수들이 있기 때문에 야외 직사광선과는 차이가 있다. 하지만 참고하기에는 충분하다.

우리가 살고 있는 아파트는 어느 정도 수치가 나올지, 필자의 집에서 측정해보았다.(단위: 룩스(Lux, lx))

○ 빛의 양에 따라 식물 상태가 달라진다.

거실의 이중창 / 약 5만 lx

거실의 이중창을 투과한 빛의 밝기를 측정해 보았더니 5만(lx) 정도의 수치가 나왔다.
수치만 놓고 본다면 높은 광량을 요구하는 어떤 식물이든 키워낼 수 있지만, 역시 이중창을 온전히 투과하지 못하는 파장들 때문에 빛의 요구량이 많은 식물들은 쉽게 웃자라고 늘어지게 된다.

베란다 창 하나 / 약 7만 6천 lx

실내에서 빛이 가장 많은 곳, 베란다 창 하나를 투과한 빛은 7만 6천(lx) 정도의 수치가 나왔다.
생각보다 이중창과 수치상으로는 큰 차이가 나지는 않지만 직접 식물을 키워보면 비교할 수 없을 만큼 많은 차이가 난다. 이중창보다는 광선 투과율이 더 높은 양질의 빛이라 생각하면 된다.

방충망 하나 / 약 7만 3천 lx

베란다 창을 열고 방충망 하나만 투과한 빛을 측정해보니 7만 3천(lx) 정도의 수치가 나왔다.
수치로만 보면 창 하나를 투과한 빛보다 조금 낮지만 실내에서는 가장 온전한 광선이다. 같은 종의 허브식물을 각기 다른 장소에서 키워본 경험이 있는데 방충망 하나를 투과한 장소에서 가장 건강하게 자랐다.

직사광선 / 약 10만~20만 lx

아무 방해물 없는 온전한 직사광선의 수치를 측정해봤다. 10만(lx) 정도의 수치가 나왔다.
창 하나를 투과한 빛과 수치상 큰 차이가 나지 않는다고 생각할 수도 있지만, 광선 요구량이 많은 식물을 키워보면 그 차이는 비교할 수 없을 만큼 크다. 계절이나 시간, 날씨에 따라 수치는 달라지며, 한여름에는 20만(lx)에 가깝게 측정되기도 한다.

자, 이제 중요한 부분이 남았다. 우리가 반음지라고 부르는 장소. 직접 빛이 닿지는 않지만 빛의 간접적인 영향으로 밝은 곳이다. 비닐하우스를 기준으로 반음지를 측정해봤다.

비닐하우스 반음지 / 약 1만 5천 lx~

1만 5천(lx) 정도의 수치가 나왔는데, 직접 빛이 닿지 않지만 상당히 높은 수치다. 또한 야외는 투과된 빛이 아니기 때문에 더 높을 것이고, 반음지의 간접적인 빛으로도 잘 자라는 식물들이 많다. 우리가 식물을 구입할 때 반음지 식물이라는 말을 듣고 빛이 없는 거실 안쪽에서 관리하는 경우도 있는데, 기준이 실외의 반음지라면 훨씬 더 밝은 곳에서 키워야 한다.

거실 반음지 / 약 1900 lx

거실의 환한 환경에서 측정했다. 1900(lx) 정도. 나름대로 밝다고 생각했는데, 빛이 직접 닿지 않으면 역시 수치가 높지 않다. 혹시 이 정도를 반음지라 생각하고 식물을 배치한다면 점점 드러누우며 시위하는 식물들이 생겨날 것이다. 음지에 내성이 강한 몇몇 식물을 제외하고는 실내에서도 빛을 직접 보여줘야 한다.

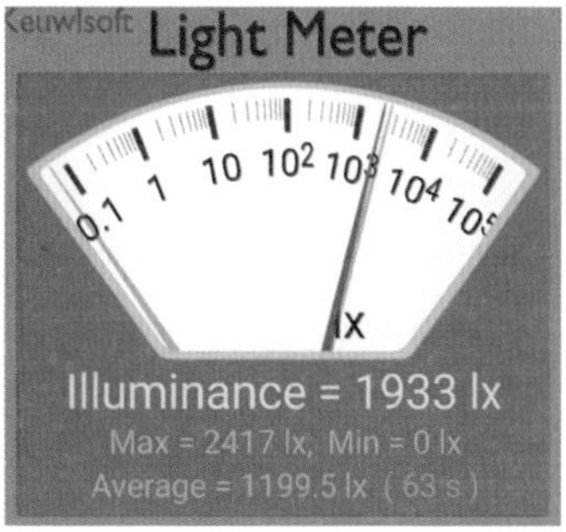

어쨌든 우리 실내는 빛이 부족하다. 반음지 식물이라고 해도 몇 종류를 제외하고는 최소 몇 시간 정도는 차광된 빛에서라도 광합성을 할 수 있도록 해줘야 건강하게 키울 수 있다. 자생지가 어디냐에 따라 빛 요구량은 다르겠지만 모든 식물은 광합성을 하고, 빛은 식물에게 생명과 다름없다. 간혹 부족한 빛을 보충하기 위해 난간 걸이대를 이용하는 사람들도 있는데 안전이 보장된 장소에서만 사용하도록 하자.

제7장

너 어디 아프니?

병충해, 이렇게 하자

식물을 키우다 보면 피하고 싶은 대표적인 것이 병충해일 것이다.
생각지도 못한 벌레를 발견하고 가드닝 자체를 포기해버렸다는 사람도 많다.
식물 키우기의 즐거움 뒤에는 귀찮은 일도 따르기 마련이다.
완벽하게 피하는 것은 불가능하지만 최대한 적게, 피해를 줄이는 방법은 분명 있다.

병충해에 관한 FAQ

식물을 키우다 보면 어쩔 수 없이 마주해야 하는 것이 병과 해충이다. 건강한 상태라면 병에 대한 면역력이 높아지고 해충의 발생 빈도도 낮아지지만 완전히 피하기란 쉽지 않다. 불행 중 다행은 실내에서 발생하는 해충 종류는 야외에 비해 한정적이고, 평소 잘 살펴 조기 발견하면 약을 쓰지 않아도 관리가 가능하다는 점이다.

식물을 처음 키울 때 해충이 생기면 방제할 엄두를 못 내고 식물을 통째로 내다 버리는 사람도 적지 않다. 심한 경우 가드닝 자체를 포기하기도 한다.

그래서 발생 가능한 모든 해충과 병충해를 나열하자니 독자들의 걱정이 늘까 싶기도 하지만 피할 수 없다면 알아야 하고, 기왕 알려면 정확히 알고 있어야 적당한 조치가 가능하다. 병충해를 방제하는 과정도 가드닝의 한 부분이며, 어느 정도 익숙해지면 오히려 식물과 더 가까워지는 계기가 될 수 있다.

먼저 가장 많이 듣는 질문 몇 가지에 답해보겠다.

Q 식물 잎이 왜 이런 거예요?

A 식물의 잎이 평소와 다른 데는 여러 원인이 있을 수 있지만 대부분 과습이나 충해라고 보면 됩니다. 그런데 식물을 처음 접하는 분들은 눈에 보이지 않는 한 충해라는 것을 알지 못합니다. 충해의 피해 형태를 어느 정도는 알고 있어야 예방뿐 아니라 즉각적인 방제가 가능합니다.

Q 어떻게 방제해야 하나요?(어떤 약을 써야 할까요?)

A 어떤 상태인지, 어떤 종류의 해충인지 먼저 알아야 하고, 그에 따라 방법도 달라집니다. 조기 발견한 경우라면 물티슈 등으로 제거하거나 주방세제 희석액, 또는 제충국 같은 천연약제로도 방제가 가능합니다. 이미 넓게 퍼진 상태라면 전문 약제(농약)를 사용해야 합니다.

Q 없어진 줄 알았는데 또 생기는데요?

A 해충이 외부에서 유입되거나 주변 식물에서 옮아 온 경우라면 한 번 방제로도 박멸이 가능하지만 식물체나 흙 속에 번식을 한 상태라면 다시 출현하게 됩니다. 번식 주기에 맞춰 약제 처리를 해주는 것이 바로 이런 이유 때문입니다. 보통은 3~4일 간격으로 일주일에 두 차례 정도 방제를 해주는데 해충의 수나 상태에 따라 가감해야 합니다. 오래 방치한 후 방제를 반복하면 효과가 떨어질 수밖에 없으며, 개체가 늘어나기 전에 방제하는 것이 가장 중요합니다. 해충이 발생한 식물만 방제하는 것보다는 주변 식물까지 한꺼번에 해주는 것이 더 효과적입니다.

Q 해충은 눈에 잘 띄지 않는데 미리 알 수 있는 방법이 있나요?

A 평소 관심을 갖고 잎을 살피는 습관이 중요합니다. 유심히 잎을 살피면 초기에도 금방 알 수 있습니다. 보통 흡착하는 해충은 잎에 작은 상처를 주기 때문에 노란 반점이 생기기 시작하고, 응애는 미세한 거미줄을 만들기 때문에 쉽게 알 수 있습니다. 깍지벌레는 끈적이는 배설물을 남기는데 그로 인해 그을음병 같은 2차 피해가 생깁니다. 다만 일부 식물의 경우 스스로 당액을 배출하기도

하므로 잎 뒷면을 잘 살펴봐야 합니다.

Q 농약을 써야 할까요?

A 대다수 가드너들는 해충을 방제할 때 어떻게든 친환경적인 방법을 쓰고 싶어 합니다. 약제를 선택할 때도 '피부나 몸에 해롭지 않은 친환경 제품'을 선호하듯이 말이죠. 하지만 친환경 제품은 분명 한계가 있습니다. 특히 이미 넓게 해충이 퍼진 상태라면 효과는 미미합니다.

자주 생기는 병충해 종류와 방제법

실내에서 식물을 키울 때 흔히 접하게 되는 해충의 종류는 잎에서는 진딧물, 깍지벌레, 총채벌레, 응애, 온실가루이 정도다. 흙 속에서는 뿌리파리 유충과 톡토기 등이 대표적이다. 대표적인 병으로는 과습에 의해 식물 세포 조직이 손상되는 무름병과 통풍 부족시 생기는 곰팡이성 감염을 들 수 있는데, 흰가루병과 그을음병이 후자에 해당한다.

한편 실외에서는 더 많은 해충을 경계해야 한다. 노린재류나 굴파리, 미국선녀벌레 등은 실내와 달리 방어막이 없기 때문에 속수무책으로 해를 입을 수 있다. 또 산란기를 맞은 나방류의 애벌레는 늦게 발견하면 순식간에 잎이 초토화되기 때문에 항상 잎을 살펴 피해를 최소화해야 한다. 그럼에도 실외는 비교적 부담 없이 약제를 살포할 수 있고, 잎에 물을 뿌려주는 잎샤워는 성충이나 식물에 붙어 있는 알들을 제거하는 데 효과적이다.

필자도 비닐하우스에서 많은 식물들을 키우다 보니 여러 해충을 만났다. 그런데 다양한 해충들이 동시다발적으로 발생하는 경우보다 한 가지 해충의 개체수가 늘어나는 경향이 더 잦았다. 첫해에는 응애가 많이 생겨 방제에 애를 먹었고, 둘째 해에는 총채벌레가, 세 번째 해에는 깍지벌레가 생겼다. 하나의 해충이 많아질 때 다른 해충도 더러 발생하긴 했지만 약제가 필요 없을 정도로 미미한 수준이었다. 덕분에 해충에 대해 충분한 경험을 했으나 발생 원인의 정확한 과학적 근거를 댈 정도는 아니다. 그저 겨울철 온도나 환경 등의 문제라고 추측해 볼 뿐이다.

지금부터 만나고 싶지 않지만 언제든 만날 우려가 있는 대표적인 해충들을 알아보자.

진딧물

진딧물은 식물의 즙액을 먹고 살아가는 곤충이다. 우리나라에만 300여 종이 있다고 하니 흔하디흔하고, 식물이 있는 곳이라면 어디에든 발생할 수 있다.

소개할 해충 중 가장 쉽게 방제가 가능한데, 몸길이가 2~4mm로 눈으로 쉽게 확인할 수 있기 때문이다. 처음에는 대부분 연약한 새순 쪽에 발생하고, 개체수가 많아지면 줄기 등으로 퍼져나간다. 발생을 감지한 후 조치를 해줘도 큰 문제는 없지만, 방치할 경우 개체수가 늘면서 식물에 심각한 피해를 줄 수도 있다.

진딧물은 당분을 배설하기 때문에 야외에서는 개미와 여러 곤충들을 유인하기도 하고, 실내에서는 끈적한 배설물에 곰팡이가 생겨 식물체에 2차 피해를 주기도 한다. 특정 개미들은 진딧물의 배설물을 먹이로 하기 때문에 진딧물을 식물로 옮겨주고, 천적으로부터 보호하며 월동을 위해 다시 흙으로 옮겨주는 역할까지 한다고 하니, 둘만 놓고 보면 눈물겹게 사이좋은 공생 관계다.

진딧물의 천적으로는 무당벌레가 있다. 무당벌레 한 마리가 유충에서 성충이 될 때까지 1000마리 이상의 진딧물을 먹이로 하고 성충이 되면 더 활발히 먹이 활동을 한다. 또한 해충의 알도 먹기 때문에 식물을 키우는 입장에서는 참 고마운 녀석이다. 무당벌레가 식물의 잎맥을 따라 돌아다니며 진딧물을 찾는 모습을 본 적이 있는데, 어찌나 분주하고 정확하던지 한참을 넋 놓고 관찰한 기억이 난다.

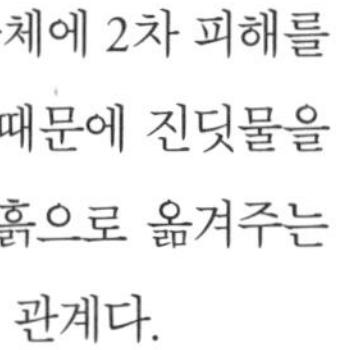

하지만 주의할 점도 있다. 무당벌레는 대부분 익충으로 분류되지만, 왕무당벌레붙이(큰이십팔점박이무당벌레)는 해충으로 분류된다. 진딧물을 먹는 일반 육식 무당벌레와 달

○ 큰이십팔점박이무당벌레

리 초식성이라 식물의 잎에 피해를 준다. 이름대로 28개의 점 무늬가 있고 우리가 흔히 아는 빨간 무당벌레와 달리 몸체가 적갈색에 노란빛이 돌기도 하는데, 표면에 잔털이 있기 때문에 조금만 관심을 갖고 보면 쉽게 구별할 수 있다.

방제법: 주방세제/제충국

진딧물은 쉽게 눈에 띄기 때문에 초기에는 하나씩 잡아주거나 야외라면 물로 씻어내는 것만으로도 해결이 가능하다. 하지만 개체수가 많아졌다면 약제를 사용해야 하는데, 농약 같은 전문 약제가 필요 없이 가정에서 쓰는 주방세제나 제충국 추출물 등으로 충분히 방제할 수 있다.

주방세제로 살충제 만들기

식물을 키워본 사람이라면 아마도 민간요법을 한두 개 이상 들어보고 직접 시험도 해봤을 것이다. 필자도 마찬가지지만 사실 만족한 경우는 많지 않았다. 하지만 주방세제로 만드는 살충제는 지금까지 사용하고 있고 해충에 따라 다소 차이는 있지만 대체로 만족스럽다. 특히 진딧물에는 효과가 즉각적인데, 주방세제 속 계면활성제• 성분이 해충의 호흡을 방해하기 때문에 해충에 직접 분사해야 효과를 볼 수 있다.

만드는 방법도 아주 간단하다. 분무기에 물을 채우고 주방세제를 한두 방울 넣어주면 끝. 많은 양을 넣을 필요 없이 거품이 살짝 나는 정도면 충분하다. 거품이 나도록 흔든 후 해충에 직접 분사하면 된다.

• 살충 작용을 하는 계면활성제는 친환경 약제나 전문 약제에 첨가되고 넓게 보면 우리 생활과 밀접한 곳에서 널리 사용되고 있지만, 부작용에 대한 의견도 있기 때문에 마음에 걸린다면 방제 후 물로 씻어내면 된다.

천연살충제 제충국

실내에서 해충이 생기면 대부분 민간요법이나 친환경 약제를 찾는다. 전문약제(농약)가 효과는 좋아도 독성이 두렵기 때문이다. 필자도 참 다양한 천연약제를 사용해보았는데 그에 굴하지 않고 해충들이 유유히 돌아다니는 모습에 적잖게 당황한 적이 많다.

천연약제는 해충이 발생하기 전, 혹은 발생 초기에 적합하고 이후 개체가 많아지면 방제력은 점점 떨어진다. 그래도 그중 효과가 좋았던 제품이 있는데 바로 제충국 추출물이다.

제충국은 국화과科 식물로, 꽃 부분에 피레트린이라는 물질이 있다. 이 성분은 곤충 같은 냉혈동물에게 강한 독성을 발휘해 신경을 마비시키는 반면 온혈동물에게는 독성이 없기 때문에 가정에서 사용하기 적합한 살충제라 할 수 있다. 그래서 요즘은 파리·모기 살충제에도 피레트린이 함유된 경우가 많다.

제충국은 원액으로 출시되는 제품도 있고 바로 사용하는 완제품도 있는데, 원액을 물에 희석해 사용하는 경우 해충의 종류와 수에 따라 양을 조절해야 해서 약간의 수고는 들지만 효과는 더 좋다. 원액의 경우는 대개 피레트린 성분과 계면활성제가 포함되어 있어 대부분의 해충에 효과가 있다. 다만 물에 희석한 후에는 빠르게 성분이 분해되기 때문에 효과가 오래 지속되지 않으니 빠른 시간 안에 사용해야 하고 해충에 직접 분사해야 효과가 크다.

깍지벌레

종류가 다양하지만 우리가 흔히 보는 깍지벌레는 대부분 흰솜깍지와 갈색깍지다. 식물에 붙어 즙액을 먹이로 하며 번성하면 잎이 점점 노랗게 변해 말라 떨어진다. 특히 다육식물에 자주 발생하는 경향이 있다.

갈색깍지벌레는 마치 식물에 이물질이 붙은 것처럼 보여 해충이라고 생각하지 못하는 경우가 많다. 거의 움직이지 않고 딱딱한 겉껍질을 눌러봐도 미동조차 없다.

흰솜깍지벌레는 이름처럼 몸체 색깔이 흰색이고, 잎의 뒷면이나 줄기에서 시작되어 개체수가 많아지면 전체로 퍼진다. 깍지벌레는 눈으로 쉽게 확인이 가능하지만 잎이 풍성하게 자란 식물이라면 전혀 모르고 있다가 방제 시기를 놓치는 경우도 많다.

깍지벌레를 확인하는 가장 쉬운 방법은 잎을 손으로 한 번씩 만져보는 것으로, 이때 잎에 끈적이는 이물질이 있다면 깍지벌레의 배설물일 가능성이 높다.(다만 일부 관엽식물은 스스로 당액을 배출해 잎이 끈적이는 경우가 있다.) 깍지벌레는 식물의 즙액을 먹으며 피해를 주는데 배설물에 곰팡이가 피면서 주는 2차 피해가 더 심각하다. 농장에서 깍지벌레가 넓게 퍼졌을 때 방제약과 함께 살균제도 도포하는 게 이런 이유에서다.

- 식물에 기생하며 피해를 주는 깍지벌레가 아닌 일부 깍지벌레는 코치닐 색소의 주원료로, 붉은색을 띠는 이 천연색소는 딸기우유에 첨가된다고 한다.

방제법: 알코올/제충국/매머드/빅카드

개체수가 많지 않은 초기에는 물티슈나 물 묻힌 면봉으로 하나씩 잡아주기만 해도 방제가 가능하다. 초기 방제에 실패하면 개체수가 순식간에 늘어나는데, 이때는 어쩔 수 없이 약제를 써야 한다. 필자의 경우 소주를 희석한 물을 단독 사용하거나 고삼 추출물 등 친환경 약제를 사용해봤지만 잠시 주춤할 뿐 큰 효과를 보이지 않았고, 제충국을 직접 분사하고 방제 여부를 살피며 수차례 반복해야 했다. 깍지벌레 방제에 소주를 사용하는 경우가 많은데 알코올 성분이 깍지벌레의 단단한 껍질에 침투할 수 있다고 한다. 다만 소주보다는 소독용 알코올을 물에 20~50% 정도 희석해 사용하는 것이 좋고, 단독 사용보다는 친환

○ 갈색깍지

○ 흰솜깍지

경 약제와 병행하는 것이 더 효과적이다. 전문 약제로는 매머드와 빅카드를 많이 사용한다. 약제를 사용하지 않을 경우 제일 좋은 방법은 물티슈 등으로 잘 닦아 제거해주는 것이다.

총채벌레

총채벌레는 약 0.5~1mm로 작고, 종류에 따라 몸체가 검정색이나 노란색 등으로 다르다. 작기 때문에 눈에 쉽게 띄지 않아 해를 입은 후 확인하는 경우가 많다. 관상식물에게 치명적이고, 개인적으로도 가장 주의하고 살피고 있는 해충이다. 흡즙에 의한 1차 피해와, 바이러스 등을 식물체로 옮기는 2차 피해까지 주기도 한다.

다른 해충의 경우 발생을 감지하고 빠르게 조치하면 식물에 큰 피해가 없지만 총채벌레는 돌돌 말린 새순 사이로 들어가 연약한 부위에 해를 입힌다. 전혀 모르고 있다가 새순이 펼쳐지는 설레는 순간에 총채벌레를 발견하면 그만큼 당황스러운 일도 없다. 총채에게 해를 입은 새순은 정상적으로 자라지 못하고 구불거리며, 부분적으로 찢어져 자라기도 하는데 한번 상한 잎은 회복되지 않는다. 이렇게 상처 나고 뒤틀린 잎을 성장하는 내내 바라보며 총채의 악몽을 떠올려야 하는 것이다. 오랫동안 고대하고 기다리던 새순에 이런 일이 생기면 당황스러움을 넘어 분노와 낙심을 오가기도 한다.

○ 총채벌레에게 해를 입어 제대로 성장하지 못하고 쭈글쭈글해진 어린잎

방제법: 제충국/총채싹/총진싹/빅카드/코니도

크기는 작지만 자세히 보면 움직임이 보이고, 외부에서 성체가 유입된 경우라면 발견한 것만으로도 희망이 있다. 특히 연약한 새순 쪽에 검은색이나 노란색으로 아주 작은 좁쌀 같은 것의 움직임이 감지된다면 물티슈로 닦아내거나 접착력이 강하지 않은 테이프로 살짝 눌러 잡는 방법이 있다. 새순은 약하기 때문에 살짝만 눌러도 총채가 테이프에 붙는데, 사실 그냥 손으로 누르는 것이 더 빠르고 간단하다. 다만 진딧물이나 깍지벌레와 달리 빠르게 도망가는 특성이 있으니 숨죽이며 접근해야 한다.

주방세제나 제충국으로 어느 정도 방제가 되지만 일부는 숨어 있기도 하고 다시 나와 활동하기 때문에 수차례 반복하는 것이 중요하다. 문제는 조치가 늦어져 번식하기 시작하면 방제에 꽤 애를 먹을 수 있다는 점이다.

부화한 유충은 잎에서 활동하다가 흙 속으로 들어가 번데기를 거쳐 성충이 되는데, 잎에서 방제하는 주기가 총채벌레의 번식 주기와 맞지 않으면 완전 박멸이 쉽지 않다. 잎에서는 성충과 유충을 방제하고 흙에서는 번데기를 방제해야 한다.

필자의 경우 일 년 내내 총채벌레 공격에 시달리며 방제와 재발을 반복한 경험이 있다. 온갖 정보를 찾고 수많은 방법을 써봤지만 총채 개체수가 많을 때는 효과가 일시적이었다.

가장 효과가 좋았던 방법은, 흙 속의 경우 병원성 곰팡이를 이용해 번데기에 침투시켜 방제하는 미생물 제제를 이용하는 방법이고, 잎에서는 총채벌레 유인제를 도포해 숨은 개체까지 방제하는 방법이다. 총채의 번데기를 박멸하는 미생물 제제는 최근 여러 제조사에서 출시하고 있으며 총채싹, 총채뚝, 총진싹 등의 명칭으로 판매되고 있다. 전문 약제(농약)가 아니기 때문에 어디서든 쉽게 구할 수 있다. 입제와 수화제가 있는데 입제는 흙과 섞어 사용하고, 수화제는 물에 희석해 관주하거나 엽면 살포해 방제한다.

약제를 살포하면 일부 총채들은 꽃 속이나 잎자루 틈새, 말린 새순 등으로 숨어버리기 때문에 어려움이 있다. 하지만 총채 유인제를 함께 도포하면 숨어 있는 총채까지 유인할 수 있다. 이 역시 온라인에서 쉽게 구할 수 있는데 성분은 제조사의 비밀이라고 한다.

전문 약제 중에서는 다른 해충에도 효과가 있는 빅카드나 코니도를 사용해 방제할 수 있다.

응애

몸길이 1~2mm로 아주 작고 식물의 잎에서 즙을 먹는 거미류의 일종이다. 흡즙 후에는 잎에 작고 노란 반점이 많이 생기고 개체수가 많아지면 미세한 거미줄이 부분적으로 보이기도 한다. 식물에 가느다란 거미줄이 보인다면 먼저 응애를 의심해야 한다.

실내에서 주로 키우는 관엽식물 등 다양한 식물에 발생하는데 특히 잎맥이 크고 선명하거나 잎이 얇은 식물에 잘 발생한다. 응애 역시 아주 작기 때문에 발견이 쉽지 않고, 잎에 작고 노란 반점이나 미세한 거미줄이 있는지 살펴봐야 초기에 조치가 가능하다. 튼튼하고 두꺼운 잎보다는 힘없이 하엽지는 아랫잎에서 주로 시작된다.

보통은 건조하고 고온이 지속될 경우, 또 잎에 먼지가 많을 때 발생한다고 알려져 있지만 습도가 높아도 발생한다. 잎샤워로 잎을 깨끗하게 유지하면 충분히 예방할 수 있다. 방제를 해도 개체수가 줄었다가 금세 늘어나는 일이 반복되기 때문에 적잖이 신경 쓰이는 해충이지만 환기와 통풍이 원활하고 건조한 습도를 피하면 발생 빈도를 현저히 낮출 수 있다. 간혹 바람을 타고 이동하는 경우도 있는데 그렇다고 환기를 하지 않는 건 더 좋지 않다.

방제법: 잎샤워/제충국/쇼크/밀베노크/파발마

실내에서 키우는 관엽식물 중 알로카시아 종류에 많이 생기는 경향이 있는데, 다행히 관엽식물은 잎이 크고 잎장 수가 많지 않기 때문에 하나씩 닦아주면 된다. 응애가 발생한 식물이 많지 않다면 물티슈 등으로 잎의 앞면과 뒷면을 닦아주고, 특히 뒷면의 잎맥 사이를 꼼꼼히 닦아주면 효과가 좋다. 눈에 보이지 않다가도 물티슈로 닦아보면 흔적이 나타나는데 닦은 물티슈만 쓰레기통에 버리면 간단하게 해결된다.(물티슈는 보습제 등 첨가물이 있으니 흐르는 물에 한번 헹궈

◦ 이런 미세 거미줄이 나타나면 응애가 생겼다는 증거다.

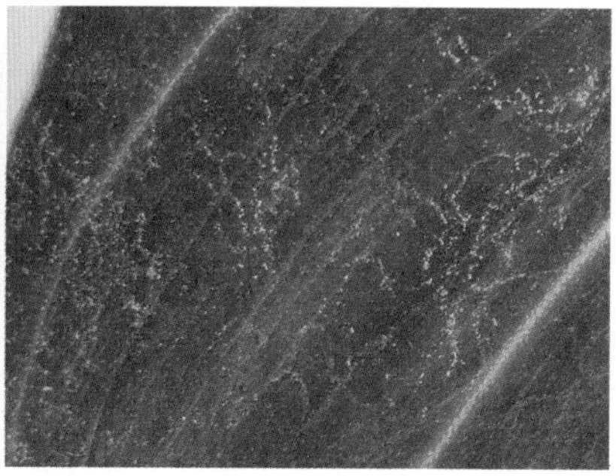

◦ 응애에게 해를 입은 잎

사용하면 좋다.)

발생 초기라면 이렇게 닦아주는 것만으로도 충분히 해결할 수 있고 이후 잎의 청결과 예방을 위해 물을 줄 때 잎까지 충분히 젖도록 해주면 더 좋다.

만약 잎이 작고 많은 식물에 응애가 생겼고 이미 다른 식물에도 퍼졌다면 닦아주는 데 한계가 있기 때문에 약제를 사용해야 한다. 제충국으로 어느 정도는 방제가 되지만 원액을 쓸 경우 희석 비율을 다른 해충용보다 더 낮게 해 주기적으로 강하게 살포한다.

모두 같은 마음이겠지만 병충해가 생겼을 때 집에서 뚝딱 만들 수 있는 확실한 무언가가 있다면 참 좋겠다. 경험상 어떤 것도 그리 큰 효과가 있지 않았으니 말이다. 널리 알려져 있는 마요네즈나 식용유, 계란이나 마늘을 사용하는 방법은 습한 환경에서 곰팡이가 생길 뿐, 방제 효과는 거의 없었다.

친환경적 방법으로는 천적 방제법이 있다. 응애의 천적인 사막이리응애를 풀어 응애를 잡는 방법인데, 천적 응애가 담긴 포장을 응애가 심한 식물에 걸어주기만 하면 된다. 천적 응애가 식물에 퍼진 응애를 먹으며 방제되는 이 방식은 여러 사람을 통해 효과는 어느 정도 입증되었지만 응애로 응애를 잡는 방법 자체에 호불호가 갈린다.

초기 방제에 실패하고 개체수가 줄지 않는다면 어쩔 수 없이 농약사에서 전문 약제를 구해야 하는데 가끔은 '왜 진작 전문 약제를 쓰지 않았을까?' 싶을 정도로 간단하게 해결된다. 다만 사용할 때 보호 장비와 충분한 환기는 필수다.

전문 약제로는 쇼크, 밀베노크, 파발마 등이 있다. 효과는 좋지만 대체로 응애를 방제하는 약제는 냄새가 조금 독할 수 있으니 충분히 알아보고 구입하자.

온실가루이

몸길이가 1.5mm 정도, 흰 왁스가루를 덮고 있는 벌레다. 잎의 뒷면에 알을 낳는데, 무척 작지만 자세히 보면 육안으로 식별은 가능하다. 주로 잎의 뒷면에서 생기기 때문에 평소에는 보이지 않지만 잎을 살짝 만져 작고 하얀 날벌레들이 날아간다면 온실가루이다. 다른 해충과 달리 날개가 있어 처음에는 당황스럽지만 경험상 알 방제만 잘 되면 크게 위험한 해충은 아니다. 비닐하우스 같은 시설에서는 종종 발생하지만 실내에서는 흔치 않다. 매년 온실가루이를 한두 번 목격하는데 평소 잎을 살피고 잎샤워 등으로 알을 제거해줘서 그런지 더 크게 번지는 일은 없었다.

방제법: 잎샤워/제충국/코니도/매머드

하얀 날벌레가 보인다면 잎 뒷면을 살펴보자. 하얀 알들이 보일 것이다. 온실가루이는 날아다니지만 다행히 민첩하지 않다. 붙어 있는 알들을 물티슈로 바로바로 제거해주고 샤워기 등을 이용해서도 씻어내면 좋다.

이 정도 조치만으로도 개체수가 더 늘지 않지만 방치할 경우 금세 늘어난다. 필자는 지금까지 온실가루이 때문에 약제를 사용해본 적이 없어서 정확한 경험담은 말할 수 없지만 제충국으로도 충분히 효과가 있다는 말을 들었다. 단, 알에는 제충국이 효과가 없으므로 역시 직접 제거해주는 것이 가장 좋은 방법이다.

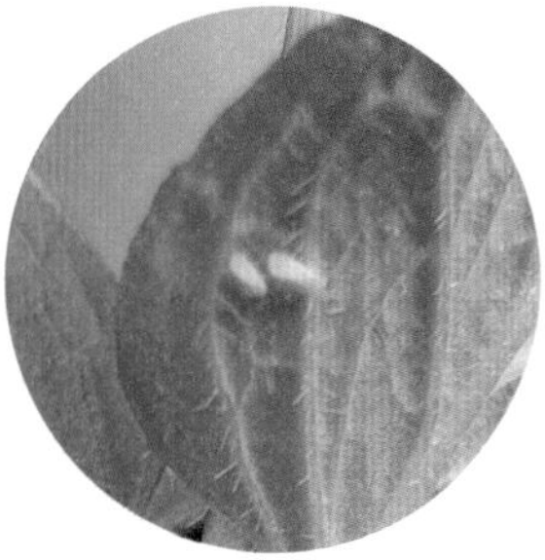

○ 온실가루이

뿌리파리

크기 1~2mm 정도의 작은 해충으로 잎이 아니라 화분 속 흙에서 생겨난다. 우리가 흔히 아는 초파리보다 더 작고, 생김새는 모기에 가깝다. 성체가 직접 식물에 해를 끼치진 않지만 흙 속에 알을 낳아 부화한 유충들이 식물 뿌리에 해를 가한다. 늦봄과 가을에 발생 빈도가 높지만 실내에서는 환기가 어려운 계절에 더 자주 발생한다.

유충이 뿌리를 먹기 때문에 해충으로 분류되며 번식력이 좋아 한 마리가 많은 알을 낳는다. 보통은 흙 속 균류나 유기물 등을 먹이로 삼는데 유기물이 풍부하지 않을 경우 식물체의 뿌리를 먹고 자란다. 흙 속에 유기 물질이 많으면 뿌리파리가 더 많아지고, 유기 물질이 부족하면 뿌리를 먹는다고 하니 참 진퇴양난이다.

화분에 뿌리를 잘 내린 식물에겐 치명적이지 않지만 삽목으로 뿌리를 내리고 있는 식물 또는 뿌리가 약한 작은 식물이라면 적잖은 문제가 된다.

하지만 실제로 더 귀찮은 건 바로 날아다니는 작은 성체다. 실내에서 한두 마리만 날아다녀도 신경이 쓰인다. 이동 반경이 넓지 않지만 종종 식탁으로 날아들기도 해서 식집사들의 분노를 사기도 한다. 필자는 온실에서 식물을 키우는 동안 뿌리파리 방제를 한 번도 한 적이 없다.(물론 집의 실내에서는 방제를 한다.) 간혹 발생한다 해도 해가 잘 들고 바람이 잘 통하면 개체수를 늘리지 못하고 사라졌다. 하지만 땅에 직접 심어 재배하는 농작물은 유충 개체수가 늘면 피해가 크다고 하니 개체수가 많아지는 것 같으면 방제해주는 것이 좋다.

숨은 유충 찾기: 감자로 유인

뿌리파리는 새 화분을 들일 때 옮는 경우가 대부분이다. 그래서 새로운 식물이 들어오면 항상 해충이 없는지 확인한 후 들여야 하는데, 뿌리파리 유충은 흙 속에 있기 때문에 확인이 쉽지 않다. 새로 들인 화분에 뿌리파리 성체가 없다면 앞서 걱정할 필요가 없지만 만약 성체가 눈에 띈다면 유충도 의심해봐야 한다.

가장 좋은 방법은 분갈이지만 상황이 맞지 않을 수도 있고 매번 분갈이를 해주는 것도 쉽지 않다. 이럴 때 혹 뿌리파리가 의심되는 화분이 있다면 감자를 작게 잘라 자른 단면이 흙에 닿도록 올려놓자. 그렇게 하루 정도가 지나면 유충 여부를 알 수 있다. 뿌리파리 유충은 흙 깊은 곳이 아닌 지표 가까이 있기 때문에 감자에 유인되어 모여드는데 생김새는 아주 작은 애벌레라고 생각하면 된다. 만약 유충이 확인되었다면 약제를 쓸지 분갈이를 할지 선택해야 한다.

○ 끈끈이 파리 트랩

방제법: 파리 트랩/은행잎 추출물

먼저 성충의 경우 방제가 어렵지 않다. 날렵하거나 이동 반경이 넓지 않아 몇 마리 정도의 개체수라면 손으로 잡을 수 있다. 보통 화분 주위를 맴돌기 때문에 개체수가 많아지면서 거슬리기 시작하면 일명 '끈끈이'라고 부르는 파리 트랩을 이용해보자.

몇천 원이면 시중에서 쉽게 구할 수 있는데 유인 효과가 있는 노란색 트랩을 추천한다. 뿌리파리가 생긴 화분 위나 옆에 하나씩 꽂아두면 화분 주위를 맴돌다 끈끈이에 붙는다. 생각보다 효과가 좋고 가장 쉬운 방법이다.

뿌리파리는 파리약이나 모기약으로도 쉽게 방제되기 때문에 필자는 호기심으로 모기향을 피워본 경험이 있다. 이 경우 성체는 박멸되었지만 냄새가 쉽게 빠지지 않을 수 있으니 냄새 없는 전자 모기향이 더 좋을 것 같다. 마찬가지로 분사형 모기약으로도 뿌리파리를 방제할 수 있다. 하지만 식물체에 직접 닿으면 좋을 리 없고, 수성으로 만들어진 약제를 공중 살포해주는 방법도 있지만 개인적 경험일 뿐 검증된 방법이 아니기에 추천하지 않는다.

친환경 약제로는 은행잎 추출물로 만들어진 약제가 비교적 짧은 시간에 어느 정도 방제 효과가 있는 것을 확인했다. 필요하다면 은행잎 살충제 등으로 검색해보면 된다. 한편, 조명 빛으로 유인해 모기 등을 흡입하는 편리한 제품도 있다. 사용해보고 싶은 마음도 있지만 아직 그럴 정도로 개체수가 늘지 않아 필요성을 못 느끼고 있다.

당장 눈에 거슬리는 건 성충이지만 사실 방제가 어려운 건 흙 속에 있는 유충이다. 알이나 번데기 상태에서는 일반 약제가 침투하지 못하니 유충이나 성충이 되는 시기에 맞춰 방제해야 하는데 흙 속 온도에 따라 부화 기간이 다르기 때문에 3일 간격으로 두세 번 약제 처리해주면 효과가 있다.

뿌리파리 유충·번데기 박멸법: 빅카드/총진싹

과연 어떤 약제를 살포해야 흙 속 유충을 방제할 수 있을까? 종종 알코올이나 과산화수소 희석액, EM 등으로 효과를 봤다는 사례도 있지만 완전히 검증된 바는 없다. 필자도 이 모든 방법을 써봤지만 은행잎 추출물이나 제충국이 어느 정도 효과가 있을 뿐, 완전 방제는 쉽지 않았다. 약국에서 판매하는 페머트린 계열의 살충제도 잠시 효과가 있다가 다시 개체가 늘기도 했다.

유충을 박멸하려면 전문 약제(농약)를 치거나 완전히 분갈이하는 수밖에 없다. 이 두 방법이 어렵다면 친환경 약제로 유충을 조금씩 방제하면서 성충이 되었을 때 확실히 박멸하는 방법을 써야 한다. 전문 약제는 유충을 방제하는 제품과 번데기 상태에서 방제하는 제품이 있다. 유충은 파란 약으로 알려진 '빅카드'를 많이 사용하고, 물에 희석해 물 주듯 관주한다. 번데기는 곤충병원성 미생물을 이용해 방제하는 '총진싹'이 최근 가드너들 사이에서 효과가 좋다고 알려져 있다. 어느 하나만 시기에 맞게 잘 사용해도 연결고리를 끊을 수 있을 것이다.

뿌리파리는 그늘지고 습한 환경을 좋아해 해가 잘 들고 통풍이 원활한 환경에서는 개체수를 많이 늘리지 못한다. 심한 경우가 아니면 계절이 바뀌면서 스스로 사라지기도 하기 때문에 너무 걱정하기보다는 적절한 조치를 해주면 된다.

톡토기

톡토기는 일반적으로 해충으로 분류하지 않지만, 몇 종류는 식물에 피해를 줄 수도 있다고 한다. 크기는 종류에 따라 0.2~3mm로 다양한데 화분에 사는 톡토기는 유심히 보지 않으면 보이지 않을 정도로 작다. 몸체 색깔도 다양하고 세계적으로 수천 종 이상 분포하고 있으며 고생대 데본기부터 존재한 살아 있는 화석이다.

흙이 있는 곳이라면 장소 불문하고 어디라도 있다고 보면 된다. 보통 썩은 나무나 낙엽이 많은 곳에 많이 번식하며, 유기물을 분해하고 곰팡이를 먹이로 하기 때문에 자연에서는 꼭 필요한 분해자 역할을 하기도 한다.

실내 화분에도 흙에 곰팡이가 생기면 어김없이 톡토기들이 모여든다. 평소에는 보이지 않다가 화분에 물을 주면 흙 표면으로 올라오기도 하고 신체를 튕겨

점프를 하기도 하는데 유심히 봐야 볼 수 있다. 개인적으로 톡토기 방제를 위해 특별히 해주는 것은 없는데, 식물에 별 피해가 없다면 굳이 방제를 할 필요는 없다고 생각해서다.

다만 식물에 피해를 줄 수 있는 알톡토기는 1.5mm 정도로 식별이 가능하고 몸체가 알처럼 둥근 모양을 하고 있기 때문에 다른 종류와 구별할 수 있다. 다만 필자의 경우 화분에서 본 적은 없다.

방제법: 제충국/천연약제/살충제 등

톡토기는 장마철이나 습한 계절, 흙이 오래 젖어 있는 상태에서 개체수가 늘기 때문에 어느 정도 조절해줄 필요는 있는데, 지금까지 언급한 약제 중 무엇을 써도 효과가 있다. 완전 방제가 어려울 뿐, 개체수를 줄이기는 아주 쉽다. 제충국이나 다른 천연약제들도 효과가 좋고 약국에서 구입할 수 있는 페메트린 성분의 살충제를 겉흙에 고루 살포하는 것만으로도 효과가 크다. 필자의 경우 그동안은 식물을 키우면서 톡토기란 존재를 잊고 지낼 만큼 문제가 되지 않았다.

곰팡이/세균성 질병

흔하게 발생하지 않지만 고온다습한 계절에 통풍이 부족하면 허브식물 등에서 발생한다. 지중해가 원산지인 일부 허브식물들은 건조한 환경에 적응하느라 미세모가 있어 다른 식물에 비해 곰팡이가 쉽게 번식할 수 있다. 긴 장마철로 관엽식물에 곰팡이가 피었다면 잎을 닦아주는 것만으로도 해결된다. 하지만 허브식물은 잘 닦이지 않아 약제를 써야 한다.

대표적인 곰팡이성 질병으로는 로즈마리나 장미에 잘 발생하는 흰가루병이 있다. 또 고온다습한 여름철에는 세균이 식물체로 침투해 무름병이 발생하는 빈도가 높아지기 때문에 여름 환경에 약한 페라고늄과 다육식물 등은 항상 경계해야 한다.

방제법: 과산화수소/베이킹소다/베노밀/다이센엠

초기라면 잎을 닦아주거나 과산화수소 희석액을 이용해 방제하는 것만으로도 효과가 있다. 정도가 심하다면 곰팡이나 균이 더 퍼지지 않도록 오염된 잎을 다 잘라주고 살균제를 살포한다. 심하게 상한 잎은 다시 회복되지 않는 데다 다른 잎으로 번질 수 있으니 미련 없이 제거해야 한다.

흔히 사용하는 베이킹소다로도 흰가루병을 어느 정도 방제할 수 있다. 과산화수소와 마찬가지로 물 1L에 3~5g 정도를 희석해 분무해주면 도움이 된다. 전문 약제로는 베노밀, 다이센엠, 아그리마이신, 스트렙토마이신 등이 있다.

무궁무진한 과산화수소 활용법

곰팡이와 세균의 질병은 전문 살균제로 방제하지만 고맙게도 우리에게는 마음 놓고 쓸 수 있는 과산화수소가 있다. 과산화수소(H_2O_2)는 물(H_2O)에 산소 원자가 하나 더 붙은 화합물인데, 산소와 물로 분해되는 산화 과정에서 곰팡이나 세균성 병원균을 일부 제거한다. 보통 상처를 소독하는 용도로 알고 있지만 그보다 훨씬 다양한 용도로 쓰이며, 식물을 키울 때도 매우 유용해서 전문 농장은 물론 필자도 종종 사용한다.

어디서든 쉽게 구할 수 있는 과산화수소를 물에 50~100배 정도 희석해 잎과 줄기에 고르게 분무해주면 된다. 농도를 더 강하게 해야 할 때도 있지만 부분적으로 사용해본 후 문제없음이 확인되면 전체에 사용하길 바란다.

- 과산화수소는 종자를 소독하는 용도로도 쓰고 빈 화분을 소독하거나 흙을 재활용할 때 살균제로 쓰기도 한다. 또 산화 과정에서 일부 해충알까지 제거한다고 하니 활용도가 무궁무진하다. 다만 식물의 감염 상태가 심할 경우 효과가 미미하기 때문에 미리 방제한다는 개념으로 고온다습한 계절이나 장마철에 사용하면 좋다.
- 빛이 강한 오후를 피해 이른 오전 중에 사용하면 더 좋다. 뿌린 후 마르지 않고 잎에 남아 있는 것보다 빠르게 반응해 마르는 것이 더 좋기 때문이다. 하지만 해가 강해질 때까지 수분이 마르지 않으면 잎에 부분적 화상이 생길 수 있으니 주의하자.

벌레가 싫은 식집사들에게

지금까지 식물에 발생할 수 있는 병충해에 대해 간략하게 알아보았다. 식물을 아직 본격적으로 키우기 전이라면 두려움과 걱정부터 앞설 것이다. 실제로 병충해 방제에 실패해 이른바 '식태기'라 부르는 슬럼프에 빠지는 사람도 만나봤다. 하지만 너무 염려하지 않아도 된다. 모든 식물, 모든 환경에서 병충해가 생기는 것은 아니며 조금만 관심을 가진다면 간단한 조치로 해결할 수 있는 경우가 대부분이다. 또 환경이 좋을수록 해충의 발생 빈도는 현저히 떨어진다.

필자에게 묻는다면, 무조건 전문 약제(농약)를 쓰라고 추천할 수는 없지만 지속적인 방제 실패로 스트레스가 심하다면 차라리 전문 약제를 사용하고 마음의 평안을 찾으라고 말하고 싶다. 괜히 전문 약제가 아니다. 생각보다 훨씬 간단하게 문제가 해결되기도 하거니와 사용 후 처리만 잘 해주면 큰 문제가 되지 않는다. 사실 우리가 평소 먹는 식재료들도 약제 처리가 되어 키워진 게 대부분이지 않은가.

요즘은 전문 약제의 형태나 종류도 무척 다양해졌다. 액상형 저독성 약제도 많이 출시되고 물에도 쉽게 제거되는 성분이기 때문에 막연한 두려움을 가질 필요가 없다. 게다가 일 년 내내 사용하는 것이 아니라 일회성 살포인 만큼 보호 장비를 갖추고 환기만 충분히 해준다면 생각보다 큰 효과를 볼 수 있다.

병충해 방제 과정은 더러 귀찮은 게 사실이다. 상처로 얼룩진 식물을 보면 불쑥 화가 치밀기도 한다. 하지만 오히려 이런 과정을 거치면서 식물을 좀 더 잘 알아갈 수 있다고 생각하면 조금이나마 안정이 될 것이다.

시작이 중요하다. 일단 시작하면 이후 정보를 하나씩 습득하고 경험해가면서 자연스럽게 해결되고, 또 해결하는 과정에서 식물을 키우는 감각이 점점 늘게 된다. 그러니 너무 걱정하지 말고 일단 시작하길 권한다. 찰나의 몰입은 식물이 아름다운 순간에만 일어나는 것이 아니다. 이렇게 크고 작은 문제를 해결하는 과정에서도 뜻밖의 희열과 몰입을 체험할 수 있다.

제8장

내 식물 친구들을 소개합니다

자기 나름의 특성과 멋을 뽐내는 식물들은 수도 없이 많다.
여기서는 필자가 직접 키워본 식물들을 중심으로
키우고 관리하는 모든 노하우를 공개한다.

곁에 하나쯤!
추천 실내 식물

식물을 좋아하는 사람이라면 한두 개가 아니라 수십 개, 많게는 수백 개의 식물을 키우기도 한다. 하지만 그런 형편이 되지 않을 때 단 몇 개의 식물을 들이는 것만으로도 일상이 놀랍도록 달라질 수 있다. 매일 조금씩 변하는 모습을 보다 보면 새로운 활력과 즐거움이 생겨날 것이다. 키우기도 어렵지 않으면서 보람을 느낄 만한 식물을 몇 가지 소개한다.

몬스테라

빛 요구량 / ★★★

물 주기 / 겉흙이 마르면 흠뻑

토양 / 약산성, 중성

월동 온도 / 10도 이상 추천

원산지 / 열대 아메리카

처음 소개할 식물은 실내 식물의 시작과 끝이라 불리며 젊은 가드너들을 대거 식물계로 유입시킨 몬스테라다. 어느 정도 크기로 자라면 한 그루만으로도 열대정글 느낌을 받을 수 있는데, 물론 그 느낌을 받기 시작할 무렵에는 집안 식물이 점점 늘어나고 있을 확률이 높다.

천남성과의 이 덩굴식물은 어떻게 보면 아름답고 어떻게 보면 약간 괴기스러울 수 있다. 일명 '찢잎'이라 부르는 잎과 구멍이 있어 비바람을 효율적으로 견디고 아래 잎들도 빛을 볼 수 있도록 역할을 한다.

필자의 경우, 우리나라에 플랜테리어 유행이 불기 전부터 SNS를 통해 세계 각국의 멋스러운 실내에는 몬스테라 하나쯤 키우고 있다는 걸 알았다. 그보다 훨씬 전 우리나라에 들어온 적이 있지만 무슨 이유에선지 모습을 감추고 한동안 국내에 유통되지 않았다. 이후 플랜테리어에 관심이 생긴 소비자들이 몬스테라를 찾으며 지금은 크게 확산된 상태다. 그러니까 기존 시장에 있는 걸 소극적으로 고르는 데 머물지 않고 적극적으로 원해서 시작된 게 몬스테라의 대중화다.

요즘 고가의 희귀 식물 수요가 늘고 있는데 그 시작점이 몬스테라라고 해도 과언은 아니다. 필자 또한 몬스테라를 구하기 위해 노력했고, 기다림 끝에 작은 유묘를 겨우 구해 키울 수 있었다. 처음 키울 때 잎이 나올 때마다 동그랗게 말려 나오는 모양이 무척 신기했고, 처음 찢잎을 내던 날은 환호성을 질렀다.(유묘의 경우 찢어지지 않은 잎을 대여섯 장 내다가 어느 정도 자라면 찢잎을 낸다.) 물론 지

◦ 몬스테라 그림자. 찢어진 잎 모양 덕분에 아래 잎들이 빛을 잘 받을 수 있다.

◦ 크게 자랄수록 잎의 찢어진 면적이 늘어난다.

◦ 2017년에 키우던 몬스테라

◦ 같은 몬스테라가 약 4년 후 성장한 모습

금은 어디에서나 구할 수 있을 만큼 수입과 번식이 많이 이루어졌고, 국민 식물이라 불릴 만큼 많은 사랑을 받고 있다.

몬스테라의 가장 큰 장점은 어디에서고 잘 자란다는 점이다. 지금처럼 크게 인기를 얻은 것도 독특한 이미지뿐 아니라 기르기 쉽다는 점이 크게 작용했을 것이다. 빛이 충분한 환경에서도, 조금 부족한 실내에서도 잘 자란다. 물을 말려도 오랫동안 생존하며 과습에도 강하다. 혹 과습으로 뿌리가 좀 상해도 잘라내고 다시 심으면 문제가 없다. 강인하다는 말로도 부족할 정도의 생명력이 살짝 무서울 때가 있는데 그래서 몬스테라(Monstera, 괴물이라는 뜻의 monster에서 파생됐다)라는 이름이 붙은 게 아닐까 싶다. 영하의 겨울에 밖에서 방치하는 경우가 아닌 한 몬스테라는 덩치를 키우며 늘 있던 그 자리를 지킬 것이다. 문제가 있다면 오래 키우면 집안에 두기 부담스러울 만큼 번성한다는 점인데, 그래서 중간에 잘라서 번식하는 방법을 궁금해하는 사람들이 많다. 번식 또한 어렵지 않아 개체를 늘리기도 수월하다.(번식은 103쪽 참고)

○ 아름다운 잎은 절화처럼 잘라 감상할 수도 있다.

○ 몬스테라 열매. 달콤하고 오묘한 맛이 난다.

그뿐이 아니다. 잎자루까지 길게 잘라 물병에 꽂아두면 오래도록 잎이 유지되어, 인테리어 효과로 만점이고 어디서나 쉽게 초록을 감상할 수 있다.

잘라서 물에 꽂은 몬스테라 잎은 햇빛을 많이 요구하지 않고, 가끔 물만 갈아주면 따로 관리해줄 것도 없어 편하다. 주방이나 거실 안쪽에서도 거뜬히 버틴다. 해가 아예 없는 욕실 같은 곳에선 잎이 금방 상해버리니, 해는 직접 들지 않되 밝은 곳에 두는 것이 더 오래 몬스테라를 감상할 수 있는 방법이다.

잘 키우면 독특한 모양의 열매도 맛볼 수 있다. 필자의 경우 작은 유묘로 시작해 3년 자란 후에 열매가 생겼는데, 숙성되지 않은 열매는 독성이 있기 때문에 익을 때까지 1년 정도 더 기다려야 했다. 물론 열매를 위해 몬스테라를 키운 건 아니지만, 몇 개 안 되는 열매를 얻기까지 4년을 기다린 셈이다.

해외 자료를 보면서 몬스테라 열매가 항상 궁금했기에 오랜 기다림 끝에 수확해 자를 때는 정말 설렜다. 크기는 큰 바나나 정도이며 잘 익은 열매에서는 파인애플 같은 달콤한 향이 진동한다. 그 맛은 마치 파인애플과 키위, 바나나를 섞은 듯 오묘한 맛이랄까. 입술을 살짝 톡 쏘는 느낌도 있다.

최근 몇 년 사이 무늬종에 대한 가드너들의 관심이 높아지면서 몬스테라 역시 무늬종이 큰 인기를 얻고 있다. 산반 무늬는 엽록소 결핍으로 생겨나는데 초록과 흰색의 대비가 아름답고 신비한 느낌까지 준다. 신기하게도 똑같은 잎이 없어, 새 잎이 나올 때마다 이번엔 어떤 무늬일까 기대하게 하는 묘한 매력이 있다.

◦ 몬스테라 알보 바리에가타.
신비한 멋을 풍기기 때문에 요즘은 매우 고가에 거래된다.

홍콩야자

빛 요구량 / ★★★

물 주기 / 겉흙이 마르면 흠뻑

토양 / 중성

월동 온도 / 5도 이상 추천

원산지 / 중국

두릅나무과 식물로 잎이 우산 모양을 닮아 우산나무라고도 부르고, 흔히 홍콩야자라고 부르지만 야자나무는 아니다. 오래전부터 지금까지 널리 유통되는 대표 식물인데, 개인적으로는 개업 화분에서 흔히 보는 기다란 가지 몇 개를 합식해놓은 모습에 큰 관심을 두지 않았다.

그러다 우연히 원산지에서 자라는 홍콩야자를 보았는데 그전까지 본 홍콩야자와 전혀 다른 모습에 감탄이 절로 났다. 이후 작은 포트의 홍콩야자를 구입해서는 손에 들고 집으로 향하던 들뜬 발걸음이 아직도 생생하다. 그 뒤로 지금까지 꾸준히 수형을 만들며 함께하고 있다.

홍콩야자의 장점 역시 어디서든 키우기가 수월하다는 것이다. 실내 빛만으로도 잘 자라고 미리 적응만 한다면 한여름 직사광선도 거뜬히 버텨낸다. 토양도 크게 가리지 않고 무난하게 적응하며 과습과 추위만 조심하면 오래오래 함께할 수 있는 식물이다. 건조에도 꽤 강한 편이기 때문에 빛이 부족한 실내라면 화분 속 흙이 거의 다 마른 후에 줘도 괜찮다. 또 새집에서 발생하는 포름알데히드를 제거하는 능력이 탁월해 이사 선물용으로도 많은 사랑을 받는다.

우리나라 여름 기후에 성장세가 좋지만 가지치기를 하며 모양을 만들어나

◦ 6년 전 구입한 홍콩야자

◦ 가지치기로 자란 현재 모습

갈 때는 오랜 인내심이 필요하다. 물론 가지 하나하나를 의도한 대로 만들며 관리하면 세상에 하나밖에 없는 온전한 나의 식물이 된다. 정과 성을 다해 가꾼 식물에 어찌 가치를 매길 수 있을까!

식물을 키우기 시작할 때 사진을 찍어놓는 습관을 들여보자. 식물은 매일 돌보기 때문에 변화를 알아차리기가 쉽지 않다. 사진으로 기록해두면 확실히 변화를 알 수 있고 그만큼 뿌듯함도 커진다. 작은 실천으로 훗날 큰 즐거움을 맛볼 수 있다.

홍콩야자의 매력에 빠져 몇 개를 더 들였다. 각자 다른 크기로 키워볼 생각

○ 다른 크기의 홍콩야자들. 맨 위부터 시계방향으로 각각 5년, 6년, 6년 되었다.

에서였다. 쭉쭉 뻗어나가는 가지의 모습도 나름대로 멋있지만, 개인적인 취향에 맞춰 가지를 정리하며 동그랗고 정돈된 모습으로 키워내고 있다.

가지치기 원리와 외목대 만들기를 참고하면 누구든 충분히 만들 수 있다. 다만 여유를 갖는 것이 지치지 않는 방법이며, 그 과정을 즐기고 남겨보자. 식물 키우기는 곧 기다림이다.

홍콩야자는 처음 녹색이던 가지가 시간이 지날수록 목질화가 진행되고, 목질화된 가지에서 공기뿌리(공중뿌리)가 내려온다. 가느다란 공기뿌리는 흙 속에서 분화하고 자리 잡으면 점점 굳으면서 튼튼해진다. 이런 모습은 야생 그대로의 느낌을 주지만 취향이 아니라면 공기뿌리가 생길 때 잘라줘도 무방하다.

평소 특별한 관리는 필요 없지만, 뿌리가 화분에 가득 차면 하엽 속도가 빨라지고 잎이 노랗게 변하는 현상이 나타난다. 뿌리 또한 민감하지 않기에 적당히 정리하고 분갈이해주면 간단하게 해결된다. 식물을 처음 키우는 분들께 적극 추천하며, 수형을 잡으며 오래 함께할 식물로도 제격이다.

○ 목질화된 공중뿌리

공중식물

◦ 박쥐란 ◦

빛 요구량 / ★★★

물 주기 / 수태가 마른 듯하면 충분히 적셔준다.

토양 / 보통은 수태로 감싸 키우지만, 바크나 물빠짐이 좋은 흙에 식재하기도 한다.

월동 온도 / 15도 이상 추천

원산지 / 열대 아메리카, 열대 아시아

지표의 흙이 아닌 나무 같은 곳에 붙어 자라는 신비로운 착생식물들이 있다. 공중식물(Air plant)이라고도 하며 대부분 공중에 걸어 키우거나 테라리움으로 공간을 꾸미기도 한다. 공중식물이 주는 분위기는 가히 압도적이어서, 다른 식물이 공간을 빼곡히 채우고 있다고 해도 이 식물들이 있느냐 없느냐에 따라 분위기는 완전히 달라진다. 만약 열대의 정글 같은 장소를 만들려 한다면 공중식물 없이는 온전하게 완성될 수 없다.

수많은 공중식물 중에서도 박쥐란은 존재감이 으뜸이다. 멀리서 바라볼 때 그 모습이 박쥐가 매달려 있는 것처럼 보이는 데서 유래한 이름이다. 대부분 실내에서 잘 자라지만 개인적으로 사슴 뿔을 연상시키는 리들리를 추천한다. 새로운 순이 자라 나올 때마다 웅장하게 변해가며 공간을 압도한다.

박쥐란은 특이하게 영양엽이라는 잎을 키워, 뿌리 내린 수태 등을 감싸 양분의 유실을 막는다. 다만 다 감싸고 나면 영양엽의 방해 탓에 일반적인 물 주기로는 수태를 충분히 적시기 어렵기 때문에 저면관수하듯 수태 부분을 물에 담가 흡수시키기도 한다. 뿌리가 흙이 아닌 수태로만 감싸져 있다면 성장기에 액체

◦ 사슴 뿔 모양의 리들리

◦ 영양엽이 수태를 감싸고 있다.

비료를 연하게 희석해서 잎에 충분히 분무해 양분을 공급하고, 가능하다면 수태 부분도 적셔주면 성장에 도움이 된다.

상온 5도 전후에서 월동한 경험이 있지만 잎이 작아지고 세력이 많이 약해진다. 이후 다시 본래의 모습을 찾으려면 오랜 시간이 걸리기 때문에 겨울에는 실내에 두는 것이 좋다.

주의할 점은, 영양엽이 수태를 완전히 감싸고 나면 수태의 상태를 육안으로 확인할 수 없는 상황이 생겨 물 주는 시기를 놓칠 수 있다는 것이다. 건조에도 어느 정도는 강하지만 물이 부족하면 잎이 아래로 처지기 시작한다. 수태는 물에 젖은 상태와 마른 상태의 무게가 확연히 차이 나기 때문에 구분이 쉽다. 자주 들어보고 가벼운 느낌이 있다면 충분히 수분을 공급하도록 하자.

◦ 틸란드시아 ◦

사실 온전한 공중식물이라고 하면 틸란드시아 종류가 진짜배기다. '행잉' 방식, 즉 늘어지며 자라는 특성을 가진 식물을 공중에 걸어 키우는 형태는 대개 화분과 흙이 필요하지만 틸란드시아는 흙이 전혀 필요 없다.

틸란드시아는 공중 습도를 이용해 수분을 보충하기 때문에 꼭 걸지 않아도 어디에서건 키울 수 있는 큰 장점이 있다. 나무 장식을 이용해 걸어도 좋고, 유리병을 활용해 책상이나 원하는 어디든 배치도 가능하다. 이런 장점 때문에 테라리움을 꾸밀 때도 자주 동원되고 플랜테리어에서 빠지지 않는 식물이다. 단, 높은 공중 습도를 필요로 하기 때문에 너무 건조한 실내는 피해야 한다.

수분 공급과 주의할 점: 다습한 자생지에 비해 우리의 실내 습도는 턱없이 부족하다. 그래서 경험상 일반적인 실내에서는 주기적인 수분 공급 외에도 물이 식물체에 고이지 않는 선에서 수시로 분무를 해주는 것이 좋다. 수분을 공급할 때는 식물을 물에 담가 몇 분간 수분을 흡수할 수 있도록 해주고, 이후 물기를 털고 다시 걸어주면 된다. 주의할 점도 있다. 공중식물은 장식물로도 인식되는 탓에 물 주는 것을 잊기 쉽다. 또 수분을 공급한 후 간혹 잎 사이에 고여 있는 물에서 무름 증상이 생기므로 물기는 가급적 털어 제거해주는 것이 좋다.

공중식물을 키우다 보면 꽃을 보여주기도 하고 식물체에서 새로운 자구를 만들어내기도 하는데, 독립된 개체로 만들고 싶다면 분리해줘도 전혀 문제가 없다.

틸란드시아의 경우 일반적인 식물과는 달리 뿌리가 거의 없기 때문에 분리하는 것도 쉬운데, 그저 손으로 살짝 당겨도 서로 분리되는 경우가 많다. 서로 줄기로 연결되어 있는 경우라면 칼등으로 잘라주면 그만이다.

공중식물은 종류가 많은데 몇 년 전부터 인기를 끈 대표종은 수염 틸란(수염 틸란드시아)과 이오난사다. 저렴한 가격에 쉽게 구할 수 있고 공중식물을 경험하

○ 수염 틸란드시아

◦ 틸란드시아 플렉수오사

◦ 자구를 분리해 독립된 개체가 되었다.

◦ 디시디아

◦ 립살리스

◦ 틸란드시아 이오난사

◦ 틸란드시아 볼보사

◦ 한두 개만으로도 분위기가 달라진다.

기에는 더할 나위 없이 좋다. 수염 틸란은 오래 키울수록 길어지고 풍성해지며, 이오난사는 몸체를 불리고 옆으로 자구를 달기도 한다. 수분 공급만 잊지 않고 잘 해준다면 스스로 번식하는 모습도 볼 수 있다.

공중식물은 자리를 거의 차지하지 않고, 남는 공간인 공중에 달기 때문에 바닥 청소를 할 때 매우 편하다. 원한다면 공중식물로만 실내를 꾸며볼 수도 있을 것이다. 흙이 전혀 없이 자라기 때문에 초보자들도 부담 없이 시작할 수 있다.

고무나무

◦ 벵갈고무나무 ◦

빛 요구량 / ★★★에서 ★★★★

물 주기 / 겉흙이 마르면 흠뻑

토양 / 약산성, 중성

월동 온도 / 10도 이상 추천

원산지 / 인도, 스리랑카 등 열대 아시아

○ 직사광선을 받으면 잎 색깔이 선명해진다.

고무나무는 실내 식물로는 절대 빼놓을 수 없는 대표 식물이다. 여러 종류가 있는데 그중 가장 사랑받는 나무가 벵갈고무나무다. 어디서든 쉽게 볼 수 있을 정도로 유통량이 많다. 실내에서 키울 수 있는 '나무'는 흔하지 않은 만큼, 큰 고무나무 한 그루가 실내 분위기를 완전히 바꿀 수도 있다.

고무나무는 대부분 자라는 환경이 비슷한데 유독 벵갈고무나무는 햇빛 요구량이 많은 편이다. 물론 실내 빛으로도 무난하게 성장하지만 선명한 잎 무늬가 좋아서 선택했다면 최대한 빛을 잘 받을 수 있는 장소에서 키우는 것이 좋다. 벵갈고무나무 잎은 직사광선에 가까운 강한 빛을 받을 때 무늬가 선명해지기 때문에 실내로 들어오면 점차 특유의 무늬를 잃고 평범한 초록색 잎으로 변한다. 하지만 실내에서 적응한 잎을 선호하는 사람도 많기 때문에 상황에 따라 환경을 바꿔주는 것도 좋은 방법이다.

왼쪽과 위의 사진은 같은 나무를 환경을 달리해 키운 것이다. 빛이 강하면 세포 조직이 촘촘해지고 수분 증발을 줄이기 위해 큐티클층이 발달하기 때문에 결과적으로 잎이 두껍고 단단해진다.

가지를 자르거나 잎을 자르면 하얀 고무 수액이 나오는데 과거에는 고무를 만드는 원료로 썼다고 한다. 피부가 민감한 사람은 맨손으로 수액을 만지면 따끔거릴 수 있으니 주의해야 한다.

물 주기: 온실에서 키우는 필자의 경우 겉흙이 마르면 주고 있지만 환경이나 잎 수에 따라 크게 차이 나니 참고만 하자. 빛이 부족한 실내에서 키운다면 흙이 거의 다 말랐을 때 주는 것이 더 안전하다.

◦ 스윗하트 고무나무 ◦

최근 많은 관심을 받고 있는 스윗하트 고무나무. '예쁜 아이들은 까칠하다'는 공식이 있듯, 가드너들 사이에서도 키우기 쉽지 않다는 글이 자주 보인다. 가장 어려워하는 부분은 불특정 다수의 잎이 떨어진다는 것인데, 특히 갑자기 환경이 변하거나 계절이 바뀌는 환절기에도 잎들이 우수수 떨어지고는 한다. 이렇게 온몸으로 스트레스를 표현하는 식물들은 과습에도 잎이 떨어지고 물 부족에도, 환경 변화에도 잎이 떨어진다는 점에서 난감하다.

몇 년 동안 100개 이상의 스윗하트를 키워오면서 느낀 확실한 점 하나는 그럼에도 생명력이 아주 강하다는 것이다. 건조에도 상당히 강해 화분 속 흙이 완전히 마른 후에도 꽤 오랜 기간을 버텨낸다. 물 부족으로 잎을 떨굴 정도가 되면 잎이 상당히 얇아지고 광택도 사라지기 때문에 쉽게 구별할 수 있고, 물을 주면 다시 새잎을 내며 빠르게 회복한다. 급격한 환경 변화로 잎이 떨어지는 경우도 기다려주면 천천히 적응하며 환경에 맞는 잎을 내어준다. 그러니 혹 나무의 잎

◦ 알리 고무나무

◦ 바로크 벤자민

○ 스윗하트라는 이름처럼 귀엽고 앙증맞은 이파리

이 다 떨어지고 가지만 남았더라도 포기하지 말자. 과습으로 인해 뿌리가 상한 경우가 아니라면 언제든 다시 새순을 내며 건강하게 자랄 수 있다. 대신 잎이 적다면 물을 아껴 줘야 한다.

이 밖에 고무나무과에 속하는 것으로 대나무 잎을 닮은 알리 고무나무와 곱슬거리는 잎이 특이하고 귀여운 바로크 벤자민, 넓은 잎이 매력적인 움베르타가 추천할 만한 종류다.

○ 잎이 떨어졌더라도 포기하지 말자.
생각보다 강하다.

○ 움베르타

필레아 페페로미오이데스

빛 요구량 / ★★★

물 주기 / 겉흙이 마르면(베란다) • 속흙까지 마르면(실내)

토양 / 약산성

월동 온도 / 10도 이상 추천

원산지 / 중국 남부

○ 밑에서 자구들이 올라오고 있다.

○ 둥근 잎은 둥근 화분과 잘 어울린다.

동글동글하고 두터운 잎, 다산의 여왕이라는 별칭이 있을 만큼 자구도 잘 만들어내는 이 매력적인 식물을 어떻게 키워보지 않을 수 있을까! 하나만 키워도 순식간에 대가족을 이룰 정도로 번식력이 좋고, 키우기에도 무난한 식물이다.

다만 빛이 부족하면 둥근 잎이 제대로 성장하지 못하고 말리거나 뒤틀리는 현상이 생긴다. 너무 건조하거나 해충 특히 총채벌레의 공격을 받을 때도 비슷한 현상이 생기지만 대부분 햇빛을 충분히 보여주면 해결된다.

중국 남부가 원산지로 1940~50년 사이 유럽에 소개되면서 세계적으로 사랑을 받는 실내 식물이 되었다. 잎이 동전과 비슷하다 해서 중국에서는 동전 식물이라고 부른다. 잎이 두꺼운 만큼 어느 정도 수분을 보유하고 있기 때문에 건조에도 강하고, 과습으로 뿌리가 상해도 상한 부위를 잘라내고 다시 심으면 그만이다. 병충해에도 강한 편이라 추위에 방치하지만 않는다면 오래 키울 수 있는 식물 중 하나다.

뿌리 쪽에서 올라오는 자구들은 손으로 뚝뚝 끊어 흙에 심기만 하면 새로운 개체가 되고, 뿌리가 전혀 없는 상태라 해도 금방 뿌리를 만들고 자라기 시작한다. 아직도 필레아를 키우고 있지 않다면 지금 당장 위시리스트에 올려보자.

필로덴드론

빛 요구량 / ★★★

물 주기 / 겉흙이 마르면 흠뻑

토양 / 약산성

월동 온도 / 15도 이상 추천

원산지 / 남아메리카

최근 몇 년간 천남성과 필로덴드론속 식물들이 폭발적인 인기를 얻고 있다. 관엽식물답게 큼지막한 잎도 아름답지만 그 매력은 단순히 외형에서 그치지 않는다. 실내 환경에 잘 적응하고 삽목을 통해 번식도 쉬운 편이다. 열대식물 특성상 높은 공중 습도를 선호해 가습기를 사용하면 좋지만 그러지 않더라도 실내 습도에 잘 적응하고 간혹 응애 등 충해에 조금만 신경 써주면 전혀 어렵지 않게 키워낼 수 있다.

필로덴드론은 그리스어로 '나무를 사랑한다'는 뜻인데 그 이름에 걸맞게 나무를 지지대 삼아 타고 오르거나 기대어 자라는 식물이 많다. 많은 종류의 필로덴드론들이 자라면서 기울어져 스스로 일어서지 못하기 때문에 두꺼운 지지대가 필수다. 지지대로 고정해 계속 크기를 키워나갈 수도 있고, 마디를 잘라 삽목을 통해 계속 개체를 늘려나갈 수도 있다.(104쪽 참고)

○ 지지대에 기대어 자라는 필로덴드론 브렌티아넘

○ 필로덴드론 파스타짜넘. 입체적인 잎이 무척 아름답고 거대하게도 키울 수 있다.

과습에도 강한 편이고 뿌리가 상했다 해도 식물체로 무름병이 퍼지기 전에 발견한 경우에는 상한 부위를 잘라내고 다시 심으면 쉽게 회복된다. 뿌리가 전혀 남아 있지 않다면 수태나 코코피트 등 비료가 없는 상토를 이용해 뿌리가 나올 때까지 관리해주면 된다.

겨울에는 실내 난방으로 건조하기 때문에 새순이 정상적으로 나오지 못하고 상처를 입는 경우도 있지만 봄부터 여름 사이에는 실내에서도 아주 빠른 속도로 성장하기 때문에 키우는 재미를 느낄 수 있다.

세계적으로 인기몰이를 하면서 덩달아 식물 가격도 올랐지만 아직도 저렴한 가격에 키워볼 수 있는 필로덴드론들이 많이 있다. 어느 종류를 선택하든 필로덴드론만의 매력을 느끼기엔 충분할 것이다.

○ 필로덴드론 화이트위자드

○ 필로덴드론 핑크프린세스

○ 필로덴드론 기간텀

○ 필로덴드론 빌리에티에

○ 필로덴드론 플로리다뷰티

○ 필로덴드론 글로리오섬

○ 필로덴드론 베멜하

○ 필로덴드론 테뉴

베고니아

빛 요구량 / ★★★

물 주기 / 겉흙이 마르면 흠뻑

토양 / 약산성, 산성

월동 온도 / 15도 이상 추천

원산지 / 남아메리카

아름다운 잎 무늬와 색감 하면 베고니아를 빼놓을 수 없다. 베고니아가 뽐내는 외형은 신비함을 넘어 종류에 따라서는 살짝 과한 것도 있다. 이런 이유로 호불호가 갈리기도 하지만, 그 다양성을 알고 보면 어떤 취향이라도 맞출 수 있다. 필자도 아직 이름조차 모르는 베고니아가 수도 없이 많고, 그 많은 종류 중 취향에 맞는 베고니아를 선택하는 일은 언제나 고민이지만 또한 즐겁다. 보통 잎을 감상하는 렉스 베고니아와 나무처럼 자라는 목 베고니아, 그리고 꽃을 감상하는 구근 베고니아가 대표적이다. 특히 계절에 따라 변해가는 렉스 베고니아 잎의 색감은 같은 식물로 보기 어려울 정도로 달라 흥미진진하다.

종류가 워낙 다양한 만큼 특성들도 조금씩은 다르다. 보통은 습한 환경을 좋아하지만 잎에 미세모가 있는 종류는 습하고 통풍이 부족하면 곰팡이가 생길 수 있으니 잘 살펴야 한다. 여름철이 되면 종종 힘들어하는 모습을 보이기도 하

○ 잎이 동글동글한 루즈 베고니아(왼쪽)와 푸토엔시스

◦ 색깔이 아름다워 봄부터 단풍을 보는 듯하다.

◦ 야자수 같은 멋진 잎과 초봄 벚꽃을 닮은 꽃을 피우는 벚꽃 베고니아. 목 베고니아에 속한다.

◦ 계절에 따라 달리 발현되는 색감은 또 다른 재미를 선물한다.
여름의 베고니아(왼쪽)와 봄의 베고니아

니 강한 빛은 차광해주는 것이 좋다.

다루기 힘든 몇 종을 제외하면 특별히 주의할 사항은 없지만, 물을 줄 때 잎에 닿지 않게 주는 것이 깨끗한 잎을 유지하는 비결이 될 수 있다. 물이 잎에 머물면 쉽게 무르고 상할 수 있기 때문에 저면관수를 이용하는 방법도 좋다.

비닐하우스를 기준으로 10도 이하도 견디지만 세력이 많이 약해지고 잎이 손상되기도 한다. 겨울에 실내로 들여 관리하면 계속적인 성장도 가능하다. 새로운 자구를 만들면 분리해서 키울 수 있고, 시간은 걸리지만 잎을 이용해 번식

○ 신밧드와 타마야. 타마야의 꽃이 피었다.

하는 방법도 있다.(106쪽 '수태 삽목' 참고)

　당신의 취향이 무엇이든 베고니아라면 그것을 충분히 만족시켜줄 것이다.

알아서 쑥쑥 자라는 쉬운 식물

키우기 쉬운 식물과 어려운 식물이 따로 있는 것처럼 흔히 말하지만 사실은 그렇지 않다. 환경에 따라 달라지는 것뿐이다. 실내에서 키운다면 빛 요구량이 적은 식물이 키우기 쉽고, 야외라면 빛 요구량이 많은 식물이 오히려 쉬운 식물이 된다. 그럼에도 환경이 조금씩 달라서 손길이 많이 필요한 식물이 있고, 가만 놔둬도 스스로 잘 자라는 식물도 있다. 스스로 잘 자란다는 말은 그만큼 실내 환경에 잘 적응한다는 뜻이기도 하다. 그동안 키우면서 실내 환경에 잘 적응해 잦은 손길이 필요치 않았던 순한 식물들을 소개한다.

싱고니움

빛 요구량 / ★★★

물 주기 / 겉흙이 마르면 흠뻑

토양 / 약산성

월동 온도 / 10도 이상 추천

원산지 / 열대 아메리카

◦ 여름의 핑크 싱고니움

◦ 같은 핑크 싱고니움인데 겨울엔 사뭇 빛깔이 다르다.

천남성과 덩굴성 식물인 싱고니움은 실내에서도 자리 걱정 없이 무난하게 키울 수 있다. 현재 원예용으로 판매되는 종류만 해도 셀 수 없이 많고 잎의 무늬에 따라 선택의 폭도 넓다. 덩굴성 식물이기 때문에 밑으로 늘어지게 키울 수도 있고 앞의 사진처럼 지지대를 세워 키울 수도 있는데 어떻게 키워도 나름의 매력이 있다.

4년 전 꽃시장에서 발견한 핑크빛 식물. 그 유혹을 참지 못하고 데려왔는데 정말 무탈하게 자란다. 생육 온도가 20~25 정도라고 하지만, 막상 키워보면 우리나라 여름 기후에 더 잘 자란다. 계절이나 키우는 환경에 따라 잎 색이 조금씩 달라지는데 햇빛을 잘 받을수록 색 발현이 좋다. 그렇다고 꼭 강렬한 빛이 필요하진 않고 실내에 투과된 빛만으로도 충분히 건강하게 키워낼 수 있다. 잎과 잎 사이의 마디를 잘라 삽목하면 쉽게 번식할 수 있으며 따스한 계절에 시도하면 빠르게 개체수를 늘릴 수도 있다.

○ 무늬 싱고니움

○ 싱고니움 밀크 컨페티

스파티필름

빛 요구량 / ★★에서 ★★★

물 주기 / 겉흙이 마르면 흠뻑

토양 / 약산성

월동 온도 / 10도 이상 추천

원산지 / 열대 아메리카

스파티필름은 초록초록하고 큼지막한 잎이 시원한 느낌을 주는 식물로, 무엇보다 실내 어디에서든 잘 자라는 것이 장점이다. 종류도 다양해서 잎이 작은 소형종과 크고 넓은 대형종, 무늬를 가진 종 등이 있다. 신품종이 종종 소개되며, 키우기 무난하다는 점은 같다. 거실 창가에서 자라는 것이 가장 이상적이지만 거실 안쪽 등 간접광이 있는 곳이라면 어디서든 적응한다. 병충해에도 상당히 강하고 잦은 관수로 뿌리가 상하는 일만 없다면 변함없이 자리를 지켜줄 것이다.

식물을 처음 키우는 분에게 강력하게 추천할 만큼 순한 식물, 스파티필름은 가드닝에 자신감을 불어 넣어줄 것이다. 흙이 부담스럽다면 수경재배도 가능하다.

○ 스파티필름 도미노

수박페페

빛 요구량 / ★★★

물 주기 / 겉흙이 마르면(봄, 여름) • 속흙까지 마르면(가을, 겨울) 흠뻑 준다.

토양 / 약산성

월동 온도 / 10도 이상 추천

원산지 / 열대 아메리카

처음 수박페페를 사진으로 봤을 때 얼마나 신기하고 귀여웠는지, 지금도 기억이 생생하다. 조만간 꼭 키워보리라 다짐했지만 직접 키우기까지 꽤 오랜 시간이 걸렸다. 이름처럼 잎 하나하나가 수박 모습과 흡사하고, 그에 걸맞게 수분도 많이 머금고 있기 때문에 물 주기를 게을리해도 전혀 문제가 없다. 이 작은 아이 하나만 들여도 공간 분위기가 확 달라지는 걸 경험할 수 있다.

잎으로도 번식이 되지만 시간이 오래 걸리기 때문에 뿌리 나누기로 개체를 늘리는 걸 추천한다. 베란다와 거실에서 모두 키울 수 있고, 베란다에서 키운다면 겉흙이 마른 후, 거실 등 실내에서 키운다면 화분 속 흙이 대부분 말랐을 때 물을 주면 문제없이 키울 수 있다. 다만 직사광선에서는 잎이 타 들어갈 수 있으니 주의하자.

수박페페를 키워보면 아마도 수박밭을 만들고 싶은 충동을 느낄 것이다.

○ 다양한 문양의 페페로미아

아글라오네마

빛 요구량 / ★★★

물 주기 / 환경에 따라 가감

토양 / 약산성

월동 온도 / 15도 이상 추천

원산지 / 인도·말레이시아

◦ 아글라오네마 픽텀로툰덤

◦ 아글라오네마 스노우화이트

다른 필로덴드론 종에 비해 크기가 작고 잎이 화려한 종류가 많다. 아글라오네마 역시 실내 어디서든 잘 적응하지만 과습에 주의해야 한다. 해가 닿지 않는 간접광에서 자란다면 흙이 완전히 마른 후에 물을 주어도 전혀 문제가 없다. 물이 부족하면 잎이 처지고 광택이 사라진다. 이렇게 물이 부족하다는 신호가 나타나기 시작할 때 물을 주면 크게 어려움이 없을 것이다.

키우기도 쉽고 무늬도 다양하기 때문에 처음 키우는 식물로 각자 취향에 맞는 걸 골라 시작해도 무리가 없다. 사실 많은 분들이 인테리어 용도로 식물을 들였다가 식집사의 길로 들어선다. 어떤 루트가 되었든 식물과 함께하며 행복하면 되는 것 아닌가. 꽃을 감상하기 어려운 거실에서는 화려한 잎이 충분한 포인트가 되어주기도 한다. 그런 의미에서 아글레오네마는 첫 반려 식물로 삼기에 맞춤하다고 하겠다.

스킨답서스

빛 요구량 / ★★에서 ★★★

물 주기 / 겉흙이 마르면 흠뻑

토양 / 약산성

월동 온도 / 15도 이상 추천

원산지 / 인도네시아

실내 식물 중 가장 키우기 쉽다고 해도 과언이 아니다. 잎의 색상과 무늬에 따라 종류가 다양한데 무늬 없는 종류가 키우기에 더 수월하다. 일산화탄소를 제거하는 능력이 뛰어나다고 알려져 있어 주방에서 키우기도 하며 무난하게 잘 자란다. 덩굴성이기 때문에 행잉으로 키우는 경우가 많고, 늘어지는 것이 싫은 경우에는 마디마디를 잘라 흙에 심어주면 번식도 쉽게 잘 된다. 해가 전혀 안 드는 욕실에서 키울 정도로 내음성이 있지만 추천하고 싶지는 않다. 실내의 환한 장소라면 어디서든 잘 키울 수 있는 순한 식물의 대표이다.

◦ 엔조이 스킨답서스

◦ 화이트 마블퀸

피쉬본(생선뼈) 선인장

빛 요구량 / ★★★

물 주기 / 속흙까지 마르면 흠뻑

토양 / 중성

월동 온도 / 10도 이상 추천

원산지 / 남아메리카

책상 위에 놓인 걸 얼핏 보면 살아 있는 식물이라고 생각하지 못할 수도 있다. 생선뼈 선인장이라 불리지만 바닷속 식물을 더 닮았다. 지그재그로 자란 모습이 어디서든 눈길을 사로잡는다. 스투키와 마찬가지로 삽목된 경우는 웃자람이나 변화 없이 오랫동안 감상할 수 있고, 몸체에서 자구가 나오면 잘라주면 된다. 수분을 충분히 머금고 있으면 단단하고 수분이 부족하면 말랑해진다.

수년간 키워오면서 흔한 병충해 한번 겪은 적이 없고 거실, 방, 실외 어디서나 잘 적응하며 자란다. 물 주기 역시 몸체를 만져보고 줄 수 있기 때문에 실패할 가능성이 현저히 낮다. 빛이 부족한 환경에서는 진한 초록빛을 띠고 빛이 강한 환경에서는 붉게 물들기도 한다. 10도 이상을 추천하지만 5도 아래에서도 몇 년간 잘 지내왔다. 다만 낮은 온도에서는 물을 주지 않는 것이 좋다.

키우기도 쉽지만 가장 큰 장점은 역시 특이하고 귀여운 형태다. 무엇이 더 필요하겠는가. 초보자에게 적극 추천할 만한 식물이다.

크루시아

빛 요구량 / ★★★

물 주기 / 속흙까지 마르면 흠뻑(실내)

토양 / 약산성

월동 온도 / 15도 이상 추천

원산지 / 열대 아메리카

실내에서 손쉽게 키울 수 있는 식물을 꼽으라면 크루시아 또한 빼놓을 수 없다. 햇빛이 잘 드는 곳에서 키우면 좋겠지만 실내 환경에도 잘 적응한다. 수분을 잎에 저장하고 있어 도톰하며 그래서 흙이 완전히 마른 후에 물을 줘도 전혀 문제가 없다. 수분이 부족하면 잎이 얇아지고 광택이 사라지는 등 자기주장을 확실히 하는 식물이니 어려울 것 없다. 많은 식물 사이에 끼어 있어 가끔은 물을 못 주고 지나치는 실수도 하는데 그래도 끄떡없다. 가지치기로 쉽게 가지 수를 늘려나갈 수 있고, 자른 가지는 바로 흙에 삽목해도 성공률이 매우 높다. 병충해에도 꽤나 강한 편이기 때문에 물 관리만 잘 해주면 더 이상의 손길이 필요치 않은 순한 식물이다.

큰 잎을 보고 싶다면 불필요한 가지치기는 하지 않는 것이 좋고, 작고 풍성한 잎을 만들고 싶다면 적당한 가지치기로 가지를 늘려나가는 것이 좋다.

금전수

빛 요구량 / ★★★

물 주기 / 속흙까지 마르면 흠뻑

토양 / 약산성

월동 온도 / 15도 이상 추천

원산지 / 아프리카

○ 금전수 잎은 하나씩 나오지 않고
여러 장이 한 번에 올라온다.

○ 블랙 금전수

마치 기름을 바른 듯 반짝이고 단단한 잎. 키우기 쉬운 식물 하면 빠지지 않는 게 금전수다. '돈나무'로 많이 알려지면서 개업이나 집들이 선물로 꾸준히 인기를 끌고 있다.

개업 축하 선물로 많은 화분들이 매장을 장식하지만 결국 하나씩 죽어나가는 경우가 허다한데, 결국 끝까지 남는 식물 중 하나가 바로 금전수다. 추운 겨울 냉해 피해만 조심하면 달리 해줄 것도 없다. 두텁고 단단한 잎은 병충해에도 강하며, 흙이 풀풀 날릴 정도로 물을 아껴도 구근에 수분을 저장하기 때문에 거뜬하다. 빛 요구량도 많지 않아 간접광만 있다면 실내 어디에서도 잘 자란다. 과하게 물을 주면 구근이 물러버릴 수 있으니 실내라면 흙이 완전히 마른 후에 주도록 하자.

번식도 상당히 쉽다. 줄기 어느 곳이든 잘라 흙에 심으면 새로운 개체가 되는데, 물꽂이로 뿌리가 나오는 것을 확인하고 흙에 옮겨 심어도 좋다. 잎을 하나씩 잘라내 잎꽂이로도 번식이 가능하다. 다만 시간이 오래 걸리니까 여유를 갖고 번식에 도전해보자. 알뿌리가 만들어지면서 새 개체들이 자라 나온다.

○ 줄기 삽수

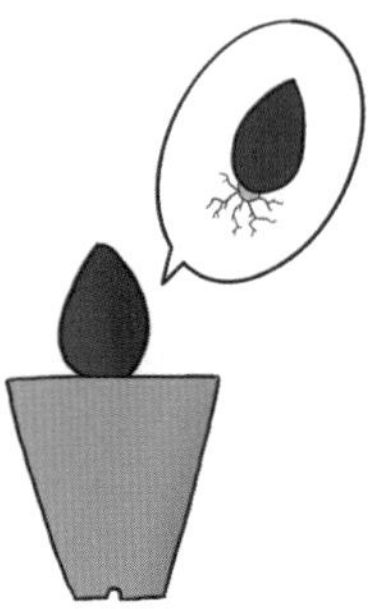

○ 잎꽂이

호야

빛 요구량 / ★★★

물 주기 / 흙이 마르면 (건조에 강함)

토양 / 약산성

월동 온도 / 15도 이상 추천

원산지 / 중국 남부 및 동남아시아 열대 지역

◦ 리스 형태로 키우는 호야 마틸드 (상토에 식재)

◦ 호야 라쿠노사 꽃(수태에 식재)

호야는 박주가리과 호야속 식물을 총칭하며 종류가 아주 다양하다. 초보 식집사들도 취향에 맞게 골라 충분히 키울 수 있다. 대부분 잎이 두껍고 단단하며 수분을 머금은 다육성이기 때문에 실수로 물을 말린다 해도 쉽사리 말라 죽지 않는다. 다만 흙을 지나치게 건조하게 관리하면 성장이 둔화되니 흙이 마른 것을 확인하면 바로 관수하도록 하자.

덩굴성 식물로 줄기가 길게 뻗으며 자라는 만큼 다양한 모양으로 키워볼 수 있다. 자연스럽게 늘어지게 키우기도 하고 지지대를 이용해 타고 올라가도록 유도하기도 한다. 필자의 경우 비교적 잎이 작은 호야들은 철사를 이용해 리스 형태로, 잎이 큰 것들은 지지대를 이용해 키우고 있다.

대개 실내에서 사계절 자라는 식물은 큰 변화를 보이지 않기 때문에 자칫 심심하게 느낄 수 있는데 호야는 그런 생각이 들 무렵이면 앙증맞은 꽃을 피워 눈을 즐겁게 해준다. 일반적으로 접하는 꽃의 모양은 아니지만 귀여우며 향기도 제법 진하게 퍼진다. 종류에 따라 꽃의 모양과 향기도 조금씩 다르다.

다른 식물과 마찬가지로 호야도 일조량이 많아야 잘 자란다. 하지만 강한 빛을 요구하는 건 아니라서 거실 창가에서도 충분히 건강하게 자란다. 필자가 키우는 호야는 봄여름을 비닐하우스에서 지냈고 가을부터 거실 창가에서 자라는데 오히려 실내에서 성장세가 더 좋아졌다. 다만 실내의 간접광에서는 줄기의 마디가 길어지고 성장세도 더딜 수 있으니 창가에서 관리하는 것이 더 좋다.

◦ 수태에 식재해 키우고 있는 라티폴리아(왼쪽)와 켄티아나

열대성 식물이다 보니 추위에는 약한 모습을 보인다. 겨울에는 실내에서 관리하고 15도 이상 유지해주면 문제는 없다. 온도가 10도 아래로 내려가면 성장이 멈추고 잎에 냉해를 입기도 하니 주의하도록 하자.

흙은 실내에서 관리한다면 물빠짐이 원활하도록 해준다. 필자는 상토와 수태에 나누어 관리하고 있는데 성장세만 놓고 본다면 우열을 가리기 힘들 정도로 양쪽 다 잘 자라고 있다. 단 수태에서 관리하는 경우는 알비료로 양분이 부족하지 않도록 해주고 상토에 비해 빠르게 마르기 때문에 표면에 수분이 마르면 바로 관수하도록 한다. 쉽게 과습이 오는 환경이라 실패를 경험했다면 수태에서 관리하는 것이 더 수월할 수 있다.

개체를 늘리는 번식 또한 성공률이 매우 높으며 줄기를 잘라 상토나 수태에 꽂으면 더 이상 해줄 것이 없다. 잎에 수분을 저장하고 있기 때문에 뿌리를 만들 때까지 잎이 마르는 일도 거의 없고 빠른 뿌리 성장을 위해 따스한 온도와 적당한 빛(간접광)만 있으면 된다.

◦ 무늬가 아름다운 호야 리사

스투키

빛 요구량 / ★★에서 ★★★★

물 주기 / 속흙까지 마르면 흠뻑

토양 / 약산성~약알칼리성

월동 온도 / 15도 이상 추천

원산지 / 아프리카

스투키는 한 방송에서 소개된 후 폭발적 인기를 끌었던 식물이다. 공기 정화 능력이 뛰어나다는 발표와 함께 식물을 전혀 키우지 않던 사람도 집 안에 스투키 하나쯤은 둘 정도로 유행했다. 그런데 우리가 키우고 있는 식물은 사실 스투키가 아니라 실린드리카다. 두 식물이 닮기는 했지만 엄연히 구분된다. 왜 이렇게 됐는지 짐작은 되지만 확신할 수 없으니 일단 스투키라 부르기로 한다.

사진에서 보는 것처럼 기다란 모양의 스투키는 새 촉의 옆쪽 아래에서 또 다른 촉이 나오며 계속 성장한다. 그래서 빛이 부족하면 새로 나오는 순이 길고 가늘게 웃자라게 되는데 한번 웃자라면 가지처럼 잘라줄 수가 없기 때문에 많은 광량이 필요하다. 스투키는 어쩌다 우리에게 키우기 쉬운 식물로, 또 어떤 곳에서도 잘 자라는 식물로 인식되었을까?

우리가 흔히 구매하는 막대 모양의 스투키는 모체의 가장 윗부분을 잘라 다시 뿌리 내려 합식한 경우가 대부분이다. 필자도 오래전 이런 스투키를 구입하고 매일 관찰하며 '조금 큰 것 같은데?'라고 생각했지만 착각이었다. 삽수로 잘린 스투키는 생장점이 없기 때문에 더 성장할 수 없고 그 모습을 그대로 유지한다. 하지만 더 자라지 않는다는 점이 오히려 생육 환경이 부족한 실내에서는 강점으로 부각되기도 하는데, 그 덕분에 사무실, 주방, 안방 등 곳곳에 스투키를 두고 볼 수 있게 되었다.

수명을 다할 때까지 변함이 없기 때문에 조화 같은 느낌을 받기도 하지만 역시 그 느낌을 오래 유지할 수 있다는 건 충분한 장점이라 할 만하다. 계속 성장하는 스투키의 경우 많은 광량이 필요한 만큼 수분도 자주 공급해줘야 한다. 하지만 삽목된 스투키는 대부분 실내에서 자라기 때문에 과습에 주의해야 한다. 식물체에 세로 주름이 살짝 생길 때 물을 줘도 문제가 없다.

합식된 여러 개체 중 무름병에 걸려 말라가는 개체가 있다면 미루지 말고 뽑아줘야 피해를 최소화할 수 있다.

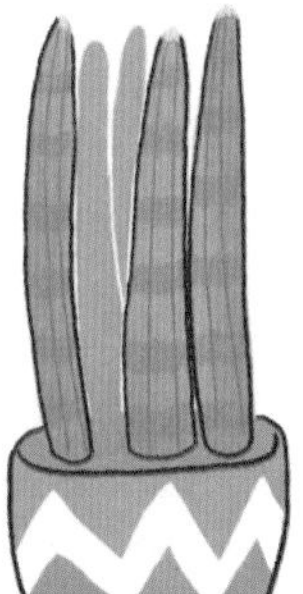

◦ 삽목된 막대 모양의 스투키

고사리

빛 요구량 / ★★★

물 주기 / 겉흙이 마르면

토양 / 약산성, 산성

월동 온도 / 종류에 따라 상이

원산지 / 전 세계에 분포

○ 매혹적인 푸른빛의 다바나 고사리

푸른 정글 같은 분위기를 내고 싶다면 공중식물과 함께 고사리만큼 효과적인 식물도 없다. 자랄수록 넓게 늘어지고 다른 식물과 어우러지는 능력도 탁월하다. 다만 너무 커지면 자리를 많이 차지하기 때문에 특성을 알아보고 선택하는 것이 좋다. 고사리는 세계적으로 분포하는 만큼 종류도 많고 자생지에 따라 환경 특성도 다르지만 대체로 습도가 높은 곳에서 잘 자라고 차광된 빛이나 간접광에서도 잘 자란다. 따라서 우리 실내에서도 습도만 어느 정도 맞춰주면 어렵지 않게 키울 수 있는 매력적인 식물이다.

너무 건조하면 잎이 바싹 마르기 때문에 공중 습도를 높여줘야 건강하게 자랄 수 있다. 가습기가 있다면 옆자리는 고사리에게 내어주자.

우리가 원예종으로 키우는 고사리들은 베란다에서 겨울을 보낼 정도로 추위를 잘 견디지만 열대 고사리들은 잎이 지고 세력이 많이 약해진다. 고온다습한 여름철에 빛이 차단된 밝은 그늘에서 가장 건강하고 멋진 모습을 보여주며 그 기간에는 성장세도 무서울 정도로 좋다. 물을 좋아하기 때문에 흙 속에 물이 마르지 않도록 관리해주고 크게 키우고 싶다면 큰 화분에 심어 관리하고, 성장 시기에는 비료도 잊지 말고 사용하도록 하자.

◦ 원예용 고사리의 대표 주자, 보스턴 고사리

◦ 시아데아 고사리

◦ 고사리들을 종류별로 모아놓으면 흡사 작은 숲 같다.

야자나무

빛 요구량 / ★★★

물 주기 / 겉흙이 마르면

토양 / 약산성, 산성

월동 온도 / 20도 이상 추천

원산지 / 호주, 마스카렌 제도 등

잎이 시원시원하게 뻗고 늘어지기도 하는 야자나무는 보기만 해도 시원하고 마치 휴양지에 온 듯한 느낌이 든다. 특히 아레카야자는 NASA에서 선정한 공기 정화 식물 1위를 차지하면서 당시 품귀 현상까지 일 정도로 인기 식물로 자리 잡았다. 자생지에서처럼 크게 자랄 때는 많은 빛이 요구되지만 거실에서도 충분히 건강하게 자랄 만큼 대부분 내음성이 있다. 그래도 차광된 빛을 서너 시간 이상 받게 해줘야 공기 정화 능력을 기대해볼 수 있을 것이다.

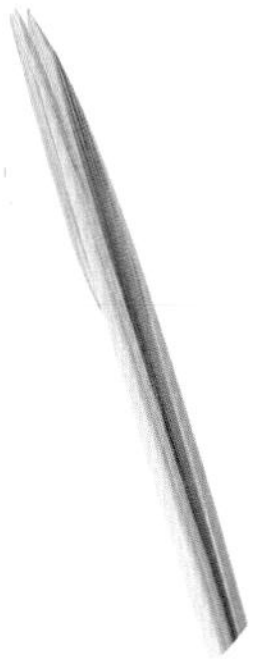

○ 보틀팜 새순. 새순이 나면 펼쳐지길 학수고대하게 된다.

공기 정화 외에도 야자나무 한 그루가 주는 공간 변화는 매우 크다. 다른 식물과 어우러지기보다는 여백 있는 공간에 홀로 서 있을 때 더 빛이 난다. 진한 초록빛의 잎이 백색 공간과 잘 어울리고 소파나 TV 옆에 한 그루만 있어도 분위기를 압도한다.

○ 시원시원하고 튼튼하게 뻗은 보틀팜(주병야자)

○ 보틀팜

○ 잎 모양이 부채를 닮은 부채야자

흙 속이 건조해도 꽤 잘 적응하기 때문에 물 주는 주기를 놓쳐도 큰 문제가 없지만 잎은 습도가 높은 것이 좋다. 흙은 살짝 건조하게, 잎은 촉촉하게 키우는 것이 건강하게 키우는 비결이다. 야자나무는 대부분 약산성 또는 산성 토양에 식재하지만 화산섬이 자생지인 만큼 입자가 작은 화산석에 심기도 한다.

코코넛야자나 주병야자처럼 크게 자라는 종류도 있고 테이블야자같이 작게 키울 수 있는 종류도 있으니 환경이나 배치할 장소를 고려해서 선택하는 것이 좋다.

곰곰이 생각해봐도 역시 야자나무는 손이 많이 가지 않고 특별한 관리도 없었다. 거기다 공간을 살려주고 공기 정화까지 해준다니 첫 식물로 들이기에 아주 적합하다. 다만 한 가지, 수돗물의 염소 성분이 잎을 노랗게 마르게 할 수 있기 때문에 물은 실온에 하루이틀 받아두었다가 주는 것이 좋다.

◦ 겐차야자

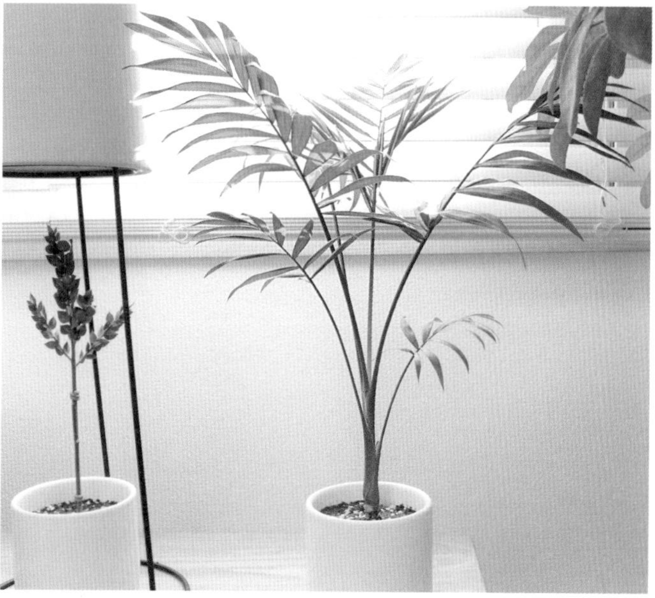

◦ 작게 자라는 테이블야자

예쁘지만 까칠한 식물

첫눈에 반해 덥석 데려왔는데 시간이 지날수록 관리하기가 난감하고 힘든 식물들이 있다. 이들을 키우는 데는 어느 정도 관록이 필요하지만 특성을 알아놓고 도전한다면 실패를 줄일 수 있을뿐더러 의외의 기쁨도 맛볼 수 있다. 까칠하지만 포기하기 쉽지 않은 식물들을 소개한다.

칼라데아

빛 요구량 / ★★★

물 주기 / 겉흙이 마르면 흠뻑

토양 / 약산성, 중성

월동 온도 / 10도 이상 추천

원산지 / 열대 아메리카, 아프리카

○ 칼라데아 퓨전화이트

마란타과 칼라데아속 식물들은 잎이 화려한 것이 특징이다. 관엽식물이 잎을 보는 식물이라면 칼라데아야말로 그 역할을 제대로 하는 모범생들이다. 열대 지역에서 은은한 빛과 높은 공중 습도에 적응한 이 아름다운 식물은 그래서 우리네 실내에서는 조금 까칠한 모습으로 변해 아쉬움을 자아낸다.

빛 요구량은 만족시켜줄 수 있지만 높은 습도를 요구하기 때문에 조금만 건조해도 잎 가장자리부터 말라버리는 경우가 있다. 특히 겨울에 난방을 하는 실내에서는 더욱 조심해야 한다. 또 칼라데아들은 대부분 잎이 무척 얇아서 쉽게 상처가 생기고, 해충의 공격에도 타격이 크다. 겨울 동안은 초라한 모습으로 있다가도 봄이 되면 점점 활기를 되찾아 여름에는 아름다움이 절정에 이른다.

물감으로 그린 듯 아름다운 잎을 가진 칼라데아 퓨전화이트. 신품종으로 소개된 후 많은 사랑을 받았지만 누군가에게는 애증의 식물이다. 잘 자라다가 갑자기 잎이 타 들어가는데, 보기 싫은 잎을 한 장씩 정리해주다 보면 어느새 마지막 잎새가 되는 일이 종종 있기 때문이다.

퓨전화이트처럼 우리가 키우는 원예식물 중에는 개량된 품종이 상당히 많다. 크게 자라지 못하게 만드는 왜성화 등, 교배와 교잡을 통해 새로운 원예 품종을 만들어낸다. 물론 더 많은 종류의 아름다운 식물을 만나는 건 환영할 일이지만 새로운 품종들은 정보도 부족할 뿐 아니라 예기치 못한 문제들이 생겼을 때 원인을 정확하게 파악하기 어려울 때가 있다. 키우는 사람들이 많아짐에 따라 정보가 쌓여 문제를 해결해나갈 수 있을 것이다.

몇 년간 키워본 경험에 따르면 퓨전화이트는 다른 칼라데아에 비해 햇빛 요구량이 많다. 실내로 들여 키우는 겨울에는 무늬가 점점 사라지는 증상이 나타나는데, 다시 무늬가 발현되는 경우도 있지만 오랜 기다림이 필요하다.

깍지벌레와 응애도 쉽게 생긴다. 깍지벌레는 발견 후 조치해도 큰 문제가 없지만 응애의 경우는 발견이 늦으면 잎이 심하게 손상되기 때문에 평소 주의 깊게 살펴야 한다.

물을 말렸을 때나 물을 주고 난 후 잎이 손상되기도 하는데 조금만 주의하면 막을 수 있다. 칼라데아들은 수분이 부족하면 얇은 잎이 안으로 말리기 시작하는데, 이때 물을 주면 별문제가 없지만 며칠 그대로 두면 손상되기 시작하며 회복되지 않는다. 잎을 보면 확연히 구분할 수 있으니까 이 시기를 놓치지 말자. 물을 주고 난 후 생기는 손상은 일액 현상•이 진행되면서 끝부분부터 타 들어가는 경우가 대부분이다.

흙이 수분을 지나치게 머금고 있으면 더 심해지기 때문에 최대한 물빠짐을 좋게 해주고 증산작용이 활발히 일어나도록 해주는 것이 좋다. 바로 광합성을 할 때 기공은 열리고 증산작용이 활발히 일어난다. 계절 요인에 의한 손상은 어쩔 수 없지만 그런 몇 가지만 주의하면 잘 키울 수 있다. 열대식물의 계절이 되면 활기를 찾아가며 아름다워지는 모습에 그간의 수고로움이 눈 녹듯 사라질 것이다.

• 증산작용과 달리 기공이 완전히 열리지 않은 상태에서 뿌리의 압력으로 수분이 잎으로 이동하고, 과한 수분이 잎의 배수 조직을 통해 배출되는 현상. 잎 끝에 이슬이 맺힌 모습이다.

○ 수분이 부족해 잎이 말려 들어가는 모습. 칼라데아 세토사

필자에게 칼라데아라는 식물에 처음 관심을 갖게 해준 주인공은 오르비폴리아다. 그 무렵 해외 유명 SNS에 실린 한 장의 사진을 기억하는 이들이 있을 것이다. 화려한 잎은 아니지만 모던하고 절제된 무늬는 볼수록 빠져들게 하는 마력이 있다.

강한 빛에도 적응하며 거실 같은 실내 간접광에서도 건강하게 키워낼 수 있다. 다른 칼라데아들에 비해 더 크게 자라는 경향이 있는데, 그때 비로소 오르비폴리아의 진면목을 볼 수 있다. 크고 시원한 잎, 선명한 잎맥이 아름답다.

오르비폴리아 역시 건조와 일액 현상으로 인한 잎 마름과 잎 손상이 종종 생기는데, 계절 영향으로 인한 문제는 자연히 해결되지만 과한 수분으로 인한 피해는 물빠짐이 좋게 분갈이를 해주고 통풍이 원활하도록 해주는 것이 도움이 된다. 여름날의 오르비폴리아를 꼭 한번 경험해보길 바란다.

◦ 칼라데아 오르비폴리아

◦ 잎이 돋보이도록 흰색이나 검정색 화분에 식재하는 걸 추천한다.

칼라디움

빛 요구량 / ★★★★

물 주기 / 겉흙이 마르면 흠뻑

토양 / 약산성, 중성

월동 온도 / 20도 이상 추천, 구근 형태는 17도 이상 추천

원산지 / 열대 아메리카

○ (위에서부터) 화이트퀸, 스트로베리스타, 플로리다크라운

○ 히로뷰티

칼라디움은 칼라데아와 함께 잎의 화려함과 아름다움 면에서 둘째가라면 서러워할 식물이다. 이름 때문에 칼라데아와 혼동하는 경우가 많은데 조금만 살펴보면 충분히 구별할 수 있다. 천남성과의 이 식물은 지하부에서 구근이 성장하고 커질수록 더 크고 많은 잎을 만들어내고, 구근을 나눠 개체를 늘릴 수 있다. 거실 같은 실내에서도 키울 수 있지만, 햇빛 요구량이 많은 편이기 때문에 베란다에서 키우는 것이 더 크고 아름다운 모습을 감상하기에 적합하다. 빛이 부족하면 잎자루가 길어지고 물을 줘도 늘어지는 경향이 있어 지지대로 고정해야 하는 상황이 발생하기도 한다.

성장기 칼라디움은 전혀 어려운 점이 없고 물 관리만 잘 해준다면 빠르게 성장하며 즐거움을 준다. 다만 추위에 매우 약하기 때문에 가을부터는 관리가 요구된다.

화분에 수분이 전혀 없는 상태로 오래 두거나 기온이 내려가면 잎들이 시들기 시작한다. 기온이 20도 아래로 떨어지기 시작하면 성장세가 둔해지고, 15도 근처로 떨어지면 급격하게 약해지면서 지상부의 잎이 말라버리며, 온도가 더 떨어지면 구근 자체가 상해버린다. 구근 식물은 이때 관리를 제대로 해주지 않으면 이듬해 봄에 깨어나지 못하는 일도 있기 때문에 주의가 필요하다.

최저 온도가 15도에 근접하면 구근 형태로 잠을 재울지, 따스한 실내로 들일지 선택해야 한다. 베란다에서 해를 잘 받고 자란 칼라디움이라면 빛이 부족한 실내에서 겨울을 날 경우 많이 약해지기도 한다. 바로 이런 부분 때문에 칼라디움을 키워보지 못하고 망설이는 사람이 많은데, 다음에 설명하는 몇 가지만 주의하면 이듬해 봄에는 더 멋지고 아름다운 칼라디움을 감상할 수 있을 것이다. 칼라디움 구근을 보관하는 방법을 살펴보자.

칼라디움 구근 보관하기

칼라디움은 열대성 식물이라 온도 관리가 중요하다. 너무 낮은 온도에서는 구근이 물러버릴 수 있고, 너무 높은 온도에서 건조함이 지속되면 부분적으로 마르는 현상이 생기기도 한다.

가장 좋은 방법은 잎이 시든 화분째 그대로 보관하는 것이다. 만약 화분이 너무 많아 보관이 힘들다면 구근을 꺼내 따로 보관할 수밖에 없는데, 어떤 방법을 사용하느냐보다 어떤 온도에서 관리하느냐가 더욱 중요하다. 방법은 많지만 주로 사용하는 방법을 소개하겠다.

베란다 온도가 떨어지면서 잎이 하나씩 시들더니 마지막 잎이 고개를 숙이고 있다.

이때쯤 화분을 엎어 구근을 꺼내고 잎과 큰 뿌리들은 어느 정도 정리해준다.

지퍼백에 상토를 담고 구근을 넣는다.

비닐은 수분을 유지시켜주지만 통기가 전혀 안 되기 때문에 바늘이나 송곳으로 충분히 구멍을 내주고, 지퍼 부분은 완전히 밀봉하지 말고 똑바로 세워 반 정도만 닫는다.

다 됐다면 이제 적정 온도를 유지할 수 있는 장소를 찾는 것이 중요하다. 20도 이상이면 문제없지만 너무 높은 온도에서 흙이 젖어 있으면 다시 새순이 나올 수 있으니 그럴 때는 물 주기를 중단한다. 보관 온도가 15도 밑으로 떨어지면 구근이 상할 수 있으니 주의하자.

보관 후의 관리

구근에 물을 줘야 할까? 상황에 따라 다르다. 온도가 15도 밑으로 내려가는 곳이라면 물 한 번으로 구근이 물러버릴 수 있다. 20도 이상이라면 물을 주는 순간 새순이 올라오는 경우도 생긴다. 구근이 너무 건조하면 마를 우려는 있지만 흙 속에 있으면 비교적 안전하다. 하지만 너무 건조하다면 가끔씩 구근을 확인하는 것도 좋은 방법이다. 필자의 경우 한 달에 한 번 정도 구근을 확인하고, 흙 마름이 심한 경우라면 흙을 엎어 분무기로 수분기를 아주 살짝 보충해준다. 흙이 젖을 정도로 주면 뿌리가 나올 수 있으니 주의하자.

겨울을 잘 보낸 구근은 베란다의 밤 온도가 20도 이상 올라가는 봄에 다시 화분에 심고 물을 주면 된다. 구근에서 빠르게 새순을 받기 위해서는 30도에 근접한 상당히 높은 온도가 요구되는데 실내에서는 한계가 있다. 구근을 화분에 심은 후 집안에서 가장 따스한 곳에서 싹을 틔운 후 해가 가장 잘 드는 곳으로 옮기는 게 좋다. 늦은 봄기운을 맞이하며 성장하는 칼라디움은 전년도 칼라디움보다 훨씬 더 크고 멋지게 자랄 것이다.

튤립 구근 보관하기

봄에 화려한 꽃을 자랑하는 튤립이나 히아신스 등은 열대성 구근인 칼라디움과는 반대로 저온성 구근이다. 오히려 고온다습한 계절에 구근이 물러버리는 일이 발생하기 때문에 관리법이 다른데 간단하게 알아보도록 하자.

1. **구근 심기(10~11월)**: 튤립 구근은 가을에 심어 추운 겨울을 보내야 봄부터 성장하면서 꽃을 피운다. 서리가 내리기 전에 심어주는 것이 일반적이다.

2. **성장(2~3월)**: 겨울을 잘 보낸 구근은 봄기운이 느껴지는 2~3월을 기준으로 싹이 나고 성장하기 시작하는데 이때부터는 해가 좋은 곳에서 관리해야 꽃을 피울 수 있다.

3. **개화(4~5월)**: 봄기운이 완연해지면 튤립의 절정을 볼 수 있다. 색색의 아름다운 꽃을 감상한다. 베란다 등 실내에서는 개화와 수확이 더 빠를 수밖에 없다.

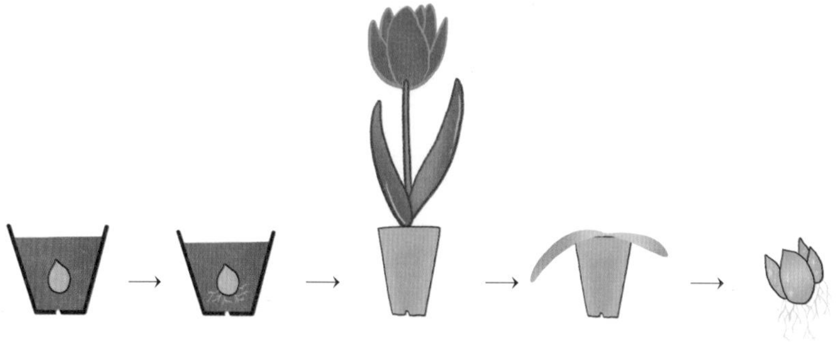

4. **새로운 알뿌리 생성:** 꽃이 시들면 잎은 놔둔 채 꽃대만 자른다. 잎은 광합성을 하며 양분 저장을 돕는데 꽃대로 갈 양분이 알뿌리로 가면서 알뿌리가 비대해지고 새 알뿌리가 만들어진다.

5. **수확 및 보관:** 잎이 완전히 시들면 구근을 수확한다. 원래 하나였던 구근이 새로운 구근을 만들었을 수도 있다. 흙을 잘 털어내고 통풍이 잘 되는 곳에서 며칠간 수분기를 말려준다. 이후 가을까지 보관하면 된다. 단 주의할 점이 있다. 튤립 구근은 저온성인 만큼 온도가 높고 다습하면 쉽게 무르기 때문에 양파망에 넣어 해가 안 들고 통풍이 잘 되는 시원한 곳에 보관해야 한다. 신문지에 말아 보관하는 방법도 있다. 만약 마땅한 보관 장소가 없다면 냉장고에 넣어두는 것도 방법이다. 냉장고 조명이 비추지 않도록 야채칸에 독립된 자리를 마련해주는 것이 좋다.

알로카시아

빛 요구량 / ★★★

물 주기 / 겉흙이 마르면(유묘) • 속흙까지 마른 후(성체)

토양 / 약산성

월동 온도 / 15도 이상 추천

원산지 / 동남아시아

예쁘지만 때로 까칠한 세 번째 주인공은 알로카시아다. 따스한 아시아 열대 지방에서 자생하는 알로카시아는 자연에 존재하는 대형종부터 원예용으로 개량된 소형종까지 다양하다. 현재 국내에서 구매 가능한 종류만 해도 수십 종이기 때문에 선택의 폭이 넓다.

비교적 키우기 쉬운 열대 관엽식물이 어쩌다 까칠하다는 평판을 듣게 되었을까? 알줄기로 자라는 특성상 수분과 양분을 머금고 있어 과습에 매우 취약하기 때문이다. 과습이 되면 목대라 부르는 알줄기 부분이 물러버리는 증상이 쉽게 나타나는데 이미 무른 부분은 회복되지 않으므로 소독된 칼로 잘라내야 더 이상 퍼지지 않는다.

과습은 물을 과하게 줬다는 의미도 있지만 식물이 물을 원활하게 소비하지 못하는 환경이라는 뜻도 된다. 좋은 환경에서 활발한 광합성을 하는 경우라면 흙을 촉촉하게 유지해도 과습의 위험이 적다. 하지만 도시의 실내는 환경이 다 다르기 때문에 각자 처한 환경에 맞는 물 주기를 경험으로 익혀야 한다.

○ 알로카시아 마크로리자 바리에가타

◦ 알로카시아 오도라 바리에가타

빛이 부족한 실내에서는 뿌리는 살짝 건조하게, 잎은 습하게 키워야 건강하게 자랄 수 있다. 단, 어린 유묘의 경우는 다르다. 아직 알줄기가 형성되지 않았기 때문에 수분을 저장할 공간이 없는 데다 흙이 건조하면 미세하고 약한 뿌리가 말라버리기 때문에 흙을 촉촉하게 관리해줘야 한다.

알로카시아는 응애가 생겼는지 항상 관찰해야 하는 요주의 식물이다. 집안에 응애가 생겼는지 확인하는 방법 중 하나가 알로카시아를 먼저 살펴보는 것일 만큼 응애가 이 식물을 좋아한다. 불행 중 다행인 것은 알로카시아 특성상 잎이 크고 잎 수가 많지 않아 초기에 발견하면 물티슈 한 장으로 쉽게 해결된다.

과습과 응애만 주의한다면, 실내에서도 빠르게 성장하므로 키우는 재미를 느낄 수 있다. 그러다 보면 어느새 종류별로 수집하고 있는 자신을 발견할 것이다.

○ 알로카시아 레지눌라(블랙벨벳)

○ 알로카시아 네뷸라

베란다 &
야외 식물

지금까지 실내 식물들을 살펴봤는데 여기서는 잘 키우면 한 그루 나무처럼 품위 있고 근사한 야외 식물들을 알아보자. 한두 그루만 있어도 집안 분위기가 확 달라지고 눈을 뗄 수 없는 식물들이다.

올리브나무

빛 요구량 / ★★★

물 주기 / 겉흙이 마르면 흠뻑(환경에 따라 가감)

토양 / 알칼리성

월동 온도 / 0도 이상 추천

원산지 / 지중해

해가 잘 들어오는 베란다나 야외에서 키울 수 있는 식물 중 으뜸은 역시 올리브나무다. 아테나 여신의 선물이라 할 만큼 유럽인들에게는 특별하고 소중한 식물로, 성경에 등장하는 감람나무가 바로 올리브나무이다. 나로서는 가드닝을 시작한 계기가 된 식물이기에 각별할 수밖에 없다.

실내에서 키우긴 쉽지 않지만 일조량이 풍부한 베란다에서는 충분히 건강하게 키워낼 수 있다. 올리브나무가 주는 이미지는 상당히 고급스럽고 현대적이며 어디에 두든 존재감을 뽐낸다. 필자의 경우 둥근 모양의 토피어리로 키우고 있는데 자연스럽게 뻗는 가지의 수형도 멋스럽다. 여러 그루가 있기 때문에 각자 다른 수형으로 키워보려 생각 중인데, 아마 오랜 시간이 걸릴 듯싶다.

올리브나무는 보통 건조에 강하다고 알고 있지만 역시 상황에 따라 많이 다르다. 여기서 건조가 낮은 공중 습도를 뜻한다면 맞는 말이다. 건조한 환경에서 적응하며 자란 식물이라 습도가 높으면 문제가 되는 경우가 많다. 하지만 건조가 화분 속 흙이 마른 상태를 뜻하는 것이라면 개체에 따라서 많은 차이가 있다고 말하고 싶다. 가지와 잎이 많지 않은 올리브나무를 큰 화분에 심어 빛이 충분하지 않은 환경에서 키운다면 보름 이상 지나도 물이 부족하진 않겠지만 오히려 과습의 위험이 있다.

처음 구입한 올리브나무는 잎이 적었기 때문에 최대한 작은 화분에 키우며 가지를 늘려나갔다. 잎이 많아진 후에 큰 화분에 심어주는 것이 과습으로부터 안전하다. 반면 잎이 많은 올리브나무는 큰 화분에 심은 것이라도 며칠 버티지 못하고 새순이 고개를 숙인다. 물을 달라는 신호다. 수분이 부족할 경우 가장 약한 새순이 고개를 숙이기 때문에 그때 물을 줘도 무방하다.

식물은 증산작용을 통해 대부분의 물을 소비하는데, 증산작용은 잎에서 일어난다. 분갈이를 할 때든 물을 줄 때든 유념하도록 하자.

올리브나무는 지중해가 원산지이지만 제주도 등 우리나라 남쪽 지방에서는 땅에 심어 재배하는 농장이 있을 만큼 추위에도 어느 정도 강하다. 하지만 중부지방에서는 불가능하니 화분에 심어 야외에서 키우는 경우라면 영하의 날씨를 기점으로 실내로 들여 겨울을 보내는 것이 좋다. 베란다에서는 사계절 내내 같은 자리에서 키울 수 있기 때문에 물 주기만 유의한다면 큰 어려움 없이 관리할

◦ 6년 전 처음 구입한 올리브나무

◦ 구입한 지 3년, 꾸준한 가지치기로 잎이 많아졌다.

수 있다.

올리브나무 열매는 자가수정이 되는 종과 암수가 함께 있어야 하는 종이 있으니 사전에 알아보고 구매하는 것이 좋고 열매를 맺기 위해서는 되도록 가지치기를 하지 않고 키우기를 권한다.

요즘에는 식탁에 흔히 오르는 것이 올리브 열매지만 나무에 달려 있는 올리브를 보는 것은 차원이 다르다. 베란다에서 딱 하나의 식물만 키우겠다면 올리브나무가 어떨까. 일조량만 충분하면 크게 손을 타지 않아 그리 어렵지 않게 지중해 감성을 즐길 수 있다.

율마

빛 요구량 / ★★★★★

물 주기 / 겉흙이 마르면 흠뻑

토양 / 약산성

월동 온도 / 0도 이상 추천

원산지 / 북아메리카

해가 좋은 환경이라면 빠질 수 없는 또 하나의 식물, 율마다. 손으로 잎을 쓸어 올리면 상큼한 레몬향이 기분을 좋게 해주고 연둣빛이 베란다 배경을 책임져준다. 율마는 다른 식물들을 돋보이게 만드는 마력이 있고, 단정하게 정리된 율마라면 더욱 헤어날 수 없을 만큼 매력적이다. 혼자 있을 때도 좋지만 여러 그루 모여 있을 때 진가를 발휘하기 때문에 안 키우는 사람은 있을지언정 하나만 키우는 사람은 별로 없다. '여기는 율마 농장인가?' 하고 착각할 정도로 율마에 빠진 사람이 많다.

모든 식물이 그렇듯 율마에게도 빛, 통풍, 물이 필요한데 특히 율마는 '물 먹는 하마'라는 별칭이 있을 만큼 물을 좋아한다. 빛이 쏟아지는 환경이라면 물 주기에 더욱 신경을 써야 한다. 식물이 죽는 가장 많은 이유가 과습이지만 율마만큼은 과습보다 물 부족으로 죽는 경우가 많다. 물 주기를 좋아하는 사람이라면 안성맞춤이다. 한번 물을 말리면 잎이 따가울 정도로 바싹 말라버리는데 마른 잎은 회복되지 않고, 자칫하면 손써볼 기회도 없이 영영 작별할 수 있으니 겉흙이 마른 듯하면 물을 후하게 주도록 하자.

원활한 통풍도 아주 중요하다. 율마는 피톤치드의 일종인 테르펜이라는 휘발성 물질을 방출한다. 그런데 공기가 정체되어 있으면 테르펜을 원활하게 내뿜지 못하고 잎 사이에 머물게 되면서 여러 문제들이 발생한다. 스스로를 보호하기 위해 만드는 항균 물질에 직접 해를 입는데 대표적으로 안쪽부터 잎이 갈색으로 변하며 말라 들어가는 증세가 있다. 주변 식물에도 피해를 줄 수 있다고 들었으나, 베란다에 수많은 율마와 다른 식물들을 함께 키우는 많은 분들이 증명하듯 좁고 밀폐된 공간이 아니라면 크게 문제 되지 않는다.

직사광선이 좋지만 베란다에서도 잘 자라는 편이다. 직사광선에 가까운 빛을 받으면 잎이 더 힘 있어지고 연둣빛을 띠며 빛이 다소 부족한 환경에서는 잎이 부드러워지고 녹색으로 자란다. 굳이 환경에 중요도를 따질 필요는 없지만 만약 세 가지 모두 부족하다고 했을 때 물〉통풍〉빛 순으로 피해가 크다는 점은 염두에 두자.

율마는 추위에도 꽤 강한 편이다. 봄부터 야외에서 적응한 경우라면 영하 10도에도 견디지만 칼바람이 부는 겨울에는 역시 주의하는 것이 좋다. 따라서 영하로 떨어지면 실내로 들이는 것을 추천한다. 영하의 기온에서는 잎이 황갈색으로 변하기도 한다.

율마 수형 만들기: 순따기

율마의 매력 중 하나가 순따기를 통해 취향에 맞는 수형을 만들 수 있다는 점이다. 다만 통풍이 원활하지 않다면 순따기 없이 자연스러운 수형으로 키우는 것을 추천한다. 잎이 풍성해지면 안쪽은 통기성이 약해지면서 갈변 현상이 생기는데 이때는 원활한 통기를 위해 안쪽 가지를 어느 정도 제거해주면 좋다.

순따기는 생장점을 분화시켜 잎을 더 풍성하게 만드는 방법이다. 앞서 보았듯 생장점은 잎의 가장 끝, 잎이 계속 자라 나오는 부분을 말한다. 손으로 잎 하나하나를 따주면 되는데 경험이 없다면 상당히 오래 걸릴 것이다. 반면 뭔가에 집중할 시간이 필요한 분들께는 적극 추천한다. 잎을 끊어낸다는 느낌보다는 끝

◦ 따줄 새순의 위치

◦ 뽑는다는 느낌으로!

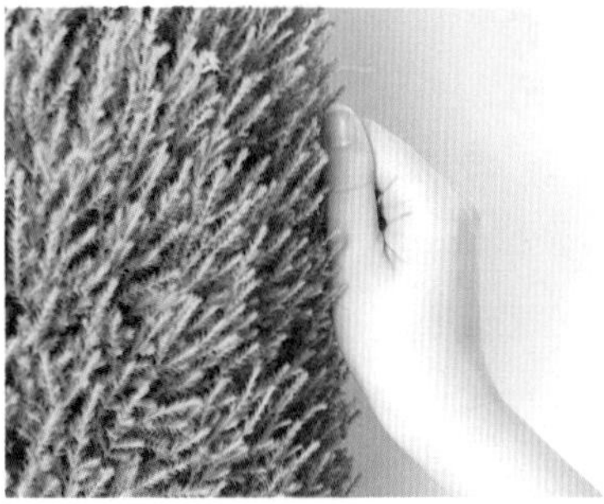

◦ 주먹을 쥐듯 한 번에!

◦ 순을 딴 율마 잎들

부분의 새순을 살짝 뽑는다는 느낌으로 해주면 좋다.

왼쪽 사진에서처럼 주먹을 쥐듯 한 번에 여러 개의 생장점을 따주면 시간은 훨씬 단축된다. 처음엔 어렵지만 손에 익숙해지면 10분 정도면 충분하고 하나씩 따줄 때보다 모양을 잡기도 더 수월하다.

순서는 아래에서 시작해 위쪽으로 따면서 올라가고, 위까지 다 땄다면 살짝 돌려 다시 아래에서 위까지 따주는 것을 반복한다. 쉽게 하기 위해서는 화분을 눈대중으로 동서남북으로 나눠 가늠하고 각 방향으로 돌려가면서 따면 완벽한데, 화분을 돌릴 수 없는 경우에는 내가 돌면 간단하다.

순따기를 쉽게 가위로 하면 어떨까. 결론부터 말하면 가위로 해도 괜찮다. 하지만 가위로 전체적으로 자를 경우 잘린 부위가 아무는 과정에서 끝부분이 갈색으로 변할 수 있다. 환경이 좋은 곳이라면 금방 새순이 나와 덮어줘 문제가 없지만 그렇지 않은 경우라면 상당히 오랜 시간을 갈색으로 변한 율마와 함께 해야 한다. 물론 손으로 순을 따줘도 갈변은 생긴다. 하지만 상대적으로 훨씬 적은 면적에 발생하고 익숙해지면 가위로 자르는 것보다 더 쉽고 완벽하게 수형을 만들 수 있다. 두려워하지 말고 손의 감각을 믿어 보자.

순따기에 익숙해지고 어느 정도 수형이 잡히면 욕심이 생긴다. 평범한 수형은 거부하고 싶은 자신감, 새로운 모양을 만들어보고 싶은 모험심도 생긴다. 잠깐 생겼다 사라지는 게 보통이지만 정말 새로운 수형을 만들고 싶다면 하트 모양은 어떨까? 오른쪽 사진 속 모양은 처음이자 마지막으로 시도해본 율마의 일탈이다.

○ 첫 일탈

철쭉

빛 요구량 / ★★★★

물 주기 / 겉흙이 마르면 흠뻑

토양 / 산성

월동 온도 / 0도 이상 추천

원산지 / 한국, 일본, 중국 등

같은 베란다라도 일조량이 풍부하지 않으면 꽃나무를 키우는 건 쉽지 않다. 하지만 철쭉은 차광된 빛에서도 무탈하게 키워낼 수 있기에 실내 가드너에게는 참 고마운 녀석이다. 봄을 알리듯 베란다에 홀로 피어 있는 철쭉을 보면 괜스레 마음이 설레기도 하니, 우리집 봄 전령사라 하겠다. 철쭉은 우리나라에서 흔하게 볼 수 있는 식물이지만, 화분에 심어 베란다에서 보면 야외의 그것과는 또 다른 느낌을 준다.

일 년 내내 환경만 맞으면 꽃을 보여주는 식물이 있는가 하면 일 년에 단 한 차례만 꽃을 피우는 식물이 있는데, 후자의 경우 그만큼 간절하고 소중하다. 꽃을 감상하는 것이 목적이라면 이 짧은 시간을 위해 일 년을 기다려야 한다. 조금 거짓을 보태 아주 긍정적으로 표현해보자면 이 과정을 통해 기다림을 배우게 된다.

철쭉은 우리나라에 자생하는 만큼 산성 토양을 선호하기 때문에 분갈이를

○ 남동향 베란다에서 꽃을 피워낸 철쭉

할 때 산성 토양에 가깝게 배합을 해주면 더 좋다. 야외라면 반음지에서도 잘 성장하고 오히려 직사광선에서 잎의 손상이 쉽게 오기도 한다. 하나의 창을 통과한 베란다 빛이 철쭉에 가장 적합하다. 자연에서 자라는 철쭉은 겨울을 무사히 보내지만 화분에 키우는 경우는 항상 조심해야 한다. 지열이 없어 화분 전체가 얼어버릴 수 있기 때문이다. 또 개량된 품종들은 추위에 약한 경우가 많기 때문에 밖에서 키우고 있다면 영하로 내려갈 때쯤 실내로 들이도록 하자.

철쭉은 가을부터 서늘한 기온에서 꽃망울을 만들기 때문에 너무 기온이 높으면 꽃을 보기 어렵고, 너무 늦은 가지치기도 꽃을 만들지 못하는 이유가 된다. 5도 전후의 서늘한 기온에서 겨울을 나게 하고, 가지치기는 꽃이 진 후 봄을 넘기지 말고 한두 차례만 해준다. 베란다에서는 사계절 내내 한자리에서 키워낼 수 있으니 계절에 따라 변하는 철쭉을 감상하기에도 무리가 없다. 해가 잘 드는 베란다를 가지고 있다면, 돌아오는 봄에는 철쭉을 위시리스트에 담아보자.

◦ 보고 있으면 빨려들 정도로 아름다운 철쭉 꽃잎

유칼립투스

빛 요구량 / ★★★★★

물 주기 / 겉흙이 마르면 흠뻑

토양 / 약산성

월동 온도 / 0도 이상 추천

원산지 / 호주

동글동글한 잎에 살짝 은빛을 더하고 하얀 분가루를 바른 듯 귀여운 매력덩어리, 유칼립투스. 외양은 아름다우나 아쉽게도 난이도가 높은 식물에 속한다. 해가 잘 드는 베란다에서도 키울 수 있지만 겨울을 제외하고는 야외에서 키우는 것을 추천한다. 유칼립투스는 직사광선에서 본연의 모습을 뽐내며 부담스러울 정도로 빠르게 성장한다.

유칼립투스 하면 코알라를 연상하는 분도 있을 것이다. 유칼립투스의 잎에는 독성이 있는데, 코알라는 유칼립투스를 주식으로 하며 먹는 시간을 제외하고는 해독을 위해 잠을 잔다는 웃지 못할 이야기가 있다.

햇빛을 충분히 보게 해준다 해도 이 녀석을 잘 키우려면 주의할 점이 있다. 지상부가 빠르게 성장하는 만큼 뿌리 성장도 빠르기 때문에 분갈이 시기가 다가오면 화분을 더 키울지, 아니면 뿌리를 정리하고 기존 화분에 심을지 결단을 내려야 하는 것. '아니, 분갈이 좀 하는데 무슨 결단?'이라고 생각할 수도 있겠다. 유칼립투스는 뿌리가 상당히 민감한 식물이라서 뿌리를 자르지 않고 큰 화분으로 옮기면 문제가 없지만, 다른 식물들처럼 뿌리 아랫부분을 쓱쓱 잘라내 심으면 식집사를 원망하듯 빠르게 말라 죽어간다. 그런데 실내라면 화분 크기를 계속 키워나가는 것도 부담스럽다. 뿌리를 정리하기로 마음먹었다면 방법이 없는 건 아니지만 혹시 모를 일에, 마음의 준비는 단단히 하는 것이 좋다.(방법은 제9장의 '뿌리가 예민한 식물을 위한 분갈이 요령' 참고)

지상부가 빠르게 성장하는 문제는 가지치기로 얼마든지 크기를 조절할 수 있지만 역시 최대한 강한 햇빛을 보여줘야 하는 점은 풀기 어려운 숙제다.

가드너 중에는 거듭 실패하면서도 다시 유칼립투스를 들이는 사람이 많다. 그만큼 매력적이라 포기하기 힘든 것이다. 가지치기를 했을 때 새순이 분화되어 나오는 맹아력도 좋은 편이고, 잎이 많아진 상태에서 바람에 살랑거리는 잎을 바라보고 있으면 마음까지 간질간질해진다.

장미허브

빛 요구량 / ★★★★

물 주기 / 겉흙이 충분히 마른 후

토양 / 약산성

월동 온도 / 10도 이상 추천

원산지 / 멕시코

장미허브는 은은한 향과 강한 생명력, 손쉬운 번식으로 초보자들도 충분히 키워낼 수 있는 식물이지만 베란다 이상의 광량이 필요하다. 이름과 달리 허브 식물은 아니며, 꿀풀과 다육성 식물로 건조에 강하다. 반대로 습하면 잎에 있는 미세모에 곰팡이가 생기기 때문에 바람이 잘 통하고 습하지 않은 환경이 좋다. 잎에 수분을 머금고 있기 때문에 물을 주지 않아도 오랫동안 견디지만, 너무 건조하면 아랫잎부터 노랗게 말라 떨어지면서 앙상한 모습으로 변한다. 겉흙이 충분히 마르면 물을 주는 게 좋다. 뿌리 발달이 활발한 식물이라 화분 속에 뿌리가 가득 차고 양분이 많이 부족하면 잎이 전체적으로 노랗게 변해가는 현상이 나타나는데, 뿌리를 정리해주고 분갈이를 하면 자연히 해결된다.

'가습 식물 1위'라는 영예를 차지하며 언론을 통해 집안 습도를 높여주는 식물로 소개가 되었으나 그 말을 곧이듣고 집안에 배치하면 가습 효과를 보기도 전에 쓰러진 장미허브를 볼 수 있다. 가습 효과를 바란다면 충분하게 광합성을 할 수 있는 환경부터 만들어줘야 한다. 베란다가 좋지만 실내라면 최소한 거실 창에서 바로 해를 보여주도록 하자. 온도는 비닐하우스를 기준으로 영상 5도 아래로도 견디지만 10도 이상에서 월동하는 것이 안전하다.

수형은 자연스럽게 늘어지는 형태로 키울 수 있고, 사진처럼 가지치기를 통해 나무처럼 만들 수도 있다. 가지치기 방법은 앞서 설명한 방법과 다르지 않다. 새잎을 내는 생장점을 잘라 가지를 분화시켜 풍성하게 만드는 원리다.

○ 5년간 자란 장미허브

장미허브의 잎과 줄기는 수분을 많이 포함하고 있어 약하기 때문에 쉽게 부러진다. 가위로 잘라주거나 손톱으로 끊어주기도 하지만, 잎이 점점 많아지면 안전하게 미용 가위를 사용하는 것이 좋다. 자른 잎을 그저 흙에 꽂기만 하면 뿌리를 내려 새로운 개체가 된다. 삽목이 가장 쉬운 식물 중 하나다. 잎이 풍성해지면 한 번 가지치기할 때마다 수십, 수백 개 잎이 나와 순식간에 대가족을 만들 수 있으니 주변 사람들과 나눠 키워도 좋을 것이다.

외목대로 키우고 싶다면 자른 잎을 삽목해서 한 그루 나무처럼 키워보자. 외목대 만들기(123쪽)를 참고하면 어렵지 않게 해낼 수 있다.

"그렇게 키우려면 몇 년이나 걸려요?"라는 질문을 종종 받는데 키를 키우거나 모양을 만드는 과정은 환경에 따라 천차만별이다. 수개월 만에 가능하기도 하고 1~2년이 걸리기도 하는데, 최대한 해를 잘 보여주고 분갈이도 주기적으로 해줄수록 시간을 단축할 수 있다.

장미허브 가지치기 요령

잎과 바로 위의 잎 사이를 한 마디라고 하는데 잎이 자라 나올 때마다 2~4마디를 기준으로 생장점을 잘라주면 된다. 해를 잘 받고 촘촘하게 자란 상태라면 네 마디 이상도 괜찮고, 해가 부족해 웃자란 상태라면 두 마디 정도마다 잘라줘야 모양을 만들어나갈 수 있다.

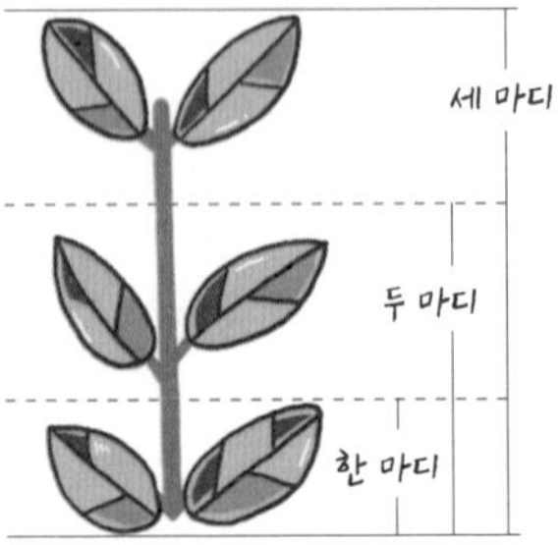

○ 생장점 부분

○ 미용 기위를 이용해 생장점을 자르면 안전하다.

◦ 삽목하여 외목대로 만든다.

◦ 1년 후

◦ 3년간 키운 장미허브

피어리스

빛 요구량 / ★★★★

물 주기 / 겉흙이 마르면 흠뻑

토양 / 약산성

월동 온도 / 5도 이상 추천

원산지 / 호주

◦ 가위로 원하는 모양대로 가지치기를 하면 된다.

인위적인 수형에 거부감이 없다면 피어리스만 한 식물도 없다. 가지치기를 할수록 잎이 촘촘하게 자라 원하는 모양으로 키울 수 있어 서양에서는 토피어리나 울타리용으로 많이 키운다. 야외에서도 잘 자라고 베란다에서도 잘 자란다. 잎이 많은 만큼 물 소비량이 많은 편인데, 물을 말리게 되면 한 번에 잎이 우수수 떨어질 수 있으니 주의하자. 또 잎이 촘촘한 식물일수록 잎을 자주 만져보고 확인해야 병충해를 조기에 방제할 수 있다.

피어리스는 다른 식물 가지치기와 달리, 가위를 사용해 원하는 모양대로 잘라줄 수 있는 큰 장점이 있다. 상처를 통해 갈변되는 일도 거의 없고, 새순도 빠르게 자라 나온다.

칼랑코에

빛 요구량 / ★★★★

물 주기 / 겉흙이 마르면 흠뻑

토양 / 약산성

월동 온도 / 5도 이상 추천

원산지 / 마다가스카르

봄이 되면 화원에서 가장 많이 보이는 식물 중 하나다. 베란다나 실내에서 오랫동안 꽃을 감상할 수 있는 다육성 식물로, 조건만 맞춰주면 가을부터 봄까지 수시로 꽃이 피고 지기를 반복한다. 차광된 빛으로도 무리가 없고 특별한 관리 없이도 오래도록 꽃을 유지하는 식물은 흔하지 않기에 베란다의 필수 식물로 꼽힌다.

잎에 수분을 머금고 있어서 물을 자주 줄 필요는 없지만 흙이 계속 마른 상태로 지속되면 아랫잎을 이용해 성장하면서 아랫잎은 점점 말라 떨어지기 때문에 많은 잎을 유지하고 싶다면 흙을 너무 말리지 않는 것이 좋다. 다만 다육성 식물의 특성상 광합성이 부족한 환경에서는 과습의 위험이 크기 때문에 큰 화분보다는 조금 작은 듯한 화분에 심어주면 물 관리가 수월하다.

칼랑코에의 번식은 봄가을에 가지를 잘라 바로 흙에 심는 삽목으로 쉽게 할 수 있다. 잎을 흙에 살짝 올려놓거나 반쯤 심는 잎꽂이로도 번식이 가능하지만 환경에 따라 상당히 오랜 시간이 걸리기도 한다.

간혹 칼랑코에가 꽃을 피우지 않는 경우가 있다. 식물은 일장(낮의 길이)을 기준으로 낮이 길고 밤이 짧아야 꽃을 피우는 장일식물과 밤이 길고 낮이 짧아야 꽃을 피우는 단일식물, 그리고 일장에 큰 상관 없이 온도에 의해 꽃을 피우는 중일식물로 나눈다. 칼랑코에는 단일식물로서 밤이 길어야 꽃을 피우는데, 가을에서 이른 봄까지 꽃을 피우는 식물이 단일식물에 포함되는 경우가 많다. 잎의 피토크롬이라는 색소가 빛과 어둠을 감지하는 것으로 알려져 있는데, 실내등 불빛으로도 개화에 영향을 미칠 수 있다.

이럴 때 꽃을 보기 위해서는 인위적으로 밤의 길이를 길게 만들어 꽃을 피우도록 유도하는 방법이 있다. 박스나 검은 비닐 등으로 하루 12시간 이상 화분 전체를 완전히 덮어 빛을 차단해주는 것으로, 3주에서 한 달 정도 지속하면 꽃망울을 만들기 시작한다.

○ 단일 처리

○ 칼랑코에 핑크 스칼롭스

하지만 꽃망울이 만들어진 후부터는 해를 잘 보여주어야 꽃이 더 선명하고 오래 유지된다. 식물이 가장 물을 많이 필요로 하는 때가 꽃이 만개했을 때다. 이 기간에는 물을 말리지 않도록 주의해야 한다.

콜레우스

빛 요구량 / ★★★★

물 주기 / 겉흙이 마르면 흠뻑

토양 / 산성, 약산성

월동 온도 / 10도 이상 추천

원산지 / 열대 아프리카, 열대 아시아

꽃보다 잎이 더 화려한 식물, 콜레우스. 종마다 다른 색감과 무늬는 초록으로 가득한 공간에 강렬한 포인트가 된다. 빛이 부족하면 웃자라는 성질이 있지만 추위에 방치하는 경우를 제외하면 생명력이 상당히 강하고 번식도 무한대다. 그 특성이 장미허브나 해피블루와 매우 유사하다. 최근에는 거리에 관상용으로 많이 식재되어 있는데, 노지 월동이 안 되기 때문에 1년생 취급을 받지만 실내에서는 오래오래 키울 수 있으며 줄기가 목질화되면서 서서히 두꺼워진다. 해를 잘 받으면 잎 무늬가 선명해지는데 빛이 조금 부족해도 베란다 정도의 광량이면 무난하게 키울 수 있다.

가지를 잘라 흙에 무심코 꽂아놓으면 어느새 스스로 자라고 있는 걸 발견하게 된다. 가지가 많아지면 한 번의 가지치기로 수십 개의 개체가 새로 만들어지기 때문에 처치 곤란일 때도 있지만 역시 좋은 일이다. 주변과 나누도록 하자. 하나의 콜레우스를 삽목해 외목대 나무로 키워가는 것도 좋고, 각기 다른 무늬의 콜레우스를 한곳에 합식해 풍성하게 키우는 것도 좋다.

○ 마치 꽃이 핀 것처럼 아름다운, 다양한 빛깔의 콜레우스들

◦ 콜레우스 앨라배마 선셋

◦ 콜레우스 페인티드 레이디

◦ 콜레우스 러스틱 오렌지

◦ 위저드 레드벨벳

페라고늄(제라늄)

빛 요구량 / ★★★★

물 주기 / 겉흙이 마르면 흠뻑(봄·가을), 속흙까지 마른 후(여름·겨울)

토양 / 약알칼리성

월동 온도 / 5도 이상 추천

원산지 / 남아프리카

페라고늄은 실내 원예 특히 베란다 가드닝에서 빼놓을 수 없고 영향력 또한 엄청나다. 일부 품종은 환경만 맞으면 연중 꽃을 피우기 때문에 모아놓으면 웬만한 꽃밭을 감상할 수 있어서 다양한 종을 키우는 가드너들이 많다.

흔히 제라늄이라고 부르지만 엄밀히 따지면 페라고늄이 정확한 표현이다. 분류시 제라늄과 페라고늄을 같은 속으로 분류했지만, 이후 다른 속으로 나누어졌고 조날계, 리갈계, 아이비계, 향 제라늄이라 불리는 것들이 모두 페라고늄속 식물이다. 진짜 제라늄은 노지 월동이 가능한 숙근 제라늄이 있고 보통은 야생화로 구분한다.

우리가 많이 키우고 있는 페라고늄은 관상 가치를 높이기 위해 개량된 품종이며, 특히 겹꽃이 화려한 유럽 품종들이 사랑받는다.

페라고늄은 노지 월동은 안 되지만 베란다에서 겨울을 너끈히 날 수 있을 만큼 내한성이 강하다. 겨울철 해가 잘 드는 남향 베란다에서 때아닌 꽃잔치가 벌어지는 것도 이런 특징 때문이다.

한 가지 주의할 점은 우리나라 여름의 고온다습한 기후에 상당히 약하다는 것이다. 페라고늄을 자세히 보면 잎이나 줄기에 미세모가 있는데 다습한 환경이 되면 쉽게 곰팡이가 생긴다. 특히나 폭염이 오래 이어지면 무름병으로 쓰러지는 경우가 많기 때문에 주의가 필요하다.

여름에 야외에서 자라는 경우와 온실에서 자라는 경우를 비교해보면, 뜨거운 야외에서보다 온실에서 자라는 페라고늄들이 곰팡이나 무름병에 더 취약했다. 높은 온도보다는 다습하고 통기가 불량한 환경이 더 치명적인 것 같다. 당연히 여름에는 가지치기나 삽목을 피해야 하는데, 상처를 통해 쉽게 세균이 침투할 가능성이 높아서다. 잎이나 줄기에 곰팡이가 생겼다면 알코올 솜으로 제거하거나 과산화수소를 솜에 발라 제거해주고 심한 경우라면 살균제를 살포해야 식물체로 퍼지는 것을 막을 수 있다.

고온다습해지면 휴면 상태로 들어가기 때문에 물도 평소보다 적게, 아껴 주는 것이 좋다. 건조에 강한 성질이라서 화분 속 흙이 완전히 마른 후에 줘도 문제가 되지 않는다.

남쪽 아프리카 토양은 중성과 알칼리성이 혼재되어 있는데, 페라고늄은 약

◦ 데니스

◦ 스완랜드 핑크

한 알칼리성 토양을 선호한다고 알려져 있다. 우리가 흔히 사용하는 분갈이흙에 심어도 별문제는 없지만, 펄라이트로 공극을 주고 탄산칼슘이나 훈탄 등으로 약알칼리성 토양 환경을 만들어주면 더 좋다.

베이킹소다를 물에 희석해(1L 물에 3~5g) 관수하는 방법도 있는데 개인적으로 자주 사용하진 않지만 꽃을 더 잘 피운다는 의견이 많다.

◦ 외목대로 키운 제라늄.
한 그루 나무처럼 아름답다.

로즈마리

빛 요구량 / ★★★★★

물 주기 / 겉흙이 마르면 흠뻑

토양 / 산성, 약산성

월동 온도 / 0도 이상 추천

원산지 / 남유럽

허브식물의 대표 주자, 바다의 이슬이라 불리는 유럽의 감성 로즈마리. 손으로 잎을 쓸어주면 특유의 향기가 나 기분이 좋아지는, 개인적으로 참 좋아하는 식물이다. 가드닝 초보 시절 토분에 심긴 토피어리 로즈마리를 외국 자료에서 보았고, 작은 가지들을 삽목해 5년간 키워오면서 마음속 이상형에 가까운 로즈마리를 만들어가고 있다.

로즈마리는 허브식물의 특성상 풍부한 일조량과 원활한 통풍이 필수다. 그래서 남향이나 남서향 베란다가 아니면 사실상 건강하게 키워내기 어렵다. 반면 야외에서 키운다면 이보다 더 쉬운 식물도 없다. 흙이 마르지 않도록 관리해주면 병충해에 상당히 강하고, 여름철 나방 애벌레만 주의하면 더 이상 해줄 게 없다.

로즈마리는 건조에 강하다는 말이 항상 따라다닌다. 그런데 공중 습도가 건조한 건 좋지만 화분 속 물이 마르면 잎도 빠르게 말라간다. 이 또한 환경에 따라 크게 다른데, 베란다에서는 어느 정도 물을 말려도 괜찮지만 야외라면 흙이 마르지 않도록 주의해야 한다.

로즈마리에 적합한 토양에 대해서는 예전부터 산성과 알칼리성을 두고 이견이 있었다. 확인하기 위해 각각 다른 토양에 키웠던 경험도 있는데 원산지 토양을 참고하면 산성에서 약산성 쪽 손을 들어주고 싶다. 우리가 주로 사용하는 흙이나 재료들은 약산성이나 중성이 많기 때문에 크게 문제 될 것은 없다.

겨울철 영하의 기온에도 잘 견디지만 화분에서 노지 월동은 불가능하기 때문에 영하가 되기 전 실내로 들이는 것이 좋다.

식물이 하나둘 늘기 시작하면 단골 화원 하나쯤은 생기기 마련이다. 필자 또한 단골 화원이 있는데, 어느 날 화원 사장님이 로즈마리를 재배하는 농장주에게 꿀팁을 배워왔다며 큰 소리로 알려주셨다. 그 꿀팁은 바로 잎샤워다.

로즈마리는 특유의 방향성 물질을 방출해 잎이 살짝 끈적한 게 정상이지만, 통풍이 부족하면 잎이 심하게 끈적거리고 흰가루병 등 문제가 생기기도 한다. 그래서 물을 줄 때마다 잎에 전체적으로 뿌린 후 손으로 쓸어 올리며 물기를 완전히 털어준다. 이렇게 두세 번 반복하고 이후 물기가 남지 않도록 해주면 좋다. 지금까지 몇 년간 잎샤워를 해주고 있는데 로즈마리가 건강하게 자라는 데 분명 일조했다고 생각한다.

효능 때문에 로즈마리를 키우는 건 아니지만 하나씩 알아가다 보면 혹 만병통치약이 아닌가 싶을 정도로 다양한 효능이 있어 놀라곤 한다. 항균 작용부터 통증 완화, 스트레스 감소와 긴장 완화, 노화 방지와 탈모 예방 등까지 나열하자면 끝이 없다. 음식을 고온에서 굽거나 튀길 때 발생하는 발암 물질인 헤테로고리아민을 말린 로즈마리 잎이 분해한다고 한다. 고기를 구울 때 말린 잎을 위에 뿌려주면 도움이 되고 필자도 자주 사용하는 방법이다.

뭐니 뭐니 해도 가장 주목받은 효능은 기억력 증진과 집중력 향상이다. 로즈마리를 수험생 방에 두면 효과가 좋다고 알려져 여러 가정에서 실천에 옮겼었으나, 결과는 불 보듯 뻔하다. 집중력 향상 효과를 보기도 전에 로즈마리가 약해지고 서서히 죽어갈 것이다. 로즈마리는 햇빛이 많고 통풍이 원활한 베란다에서 키워야 하고, 차라리 잎을 따 차를 만들어 먹는 것이 좋다. 물론 무엇이든 과하면 탈이 나기 마련! 장기간 복용할 경우 부작용도 있으니 주의하자.

○ 잎샤워해주는 모습

◦ 수많은 효능을 갖고 있는 로즈마리

◦ 삽목 후 2년 된 로즈마리

목마가렛

빛 요구량 / ★★★★

물 주기 / 겉흙이 마르면 흠뻑

토양 / 약산성

월동 온도 / 0도 이상 추천

원산지 / 아프리카 카나리아 제도

언뜻 봐도 국화와 생김새가 매우 유사하다. 실제 국화과 식물로 그 특성도 국화와 비슷하다. 줄기가 서서히 목질화되는 특성이 있어 목마가렛이라 부르는데 이런 이유로 비교적 빠른 시간 내에 수형을 만들 수 있다. 앞의 사진 속 목마가렛은 삽목 후 수형을 만들고 꽃을 피우기까지 1년 정도가 걸렸다. 목마가렛은 꽃 색깔도 노랑, 빨강, 핑크 등으로 다양한 데다 겹꽃도 있는 만큼 원예용으로 선택의 폭이 넓고 인기도 많다.

좋은 환경에 있다면 물 소비량이 많은 편에 속하며 성장 속도도 빠르기 때문에 키우는 재미를 느낄 수 있다. 해가 잘 드는 베란다라면 충분히 도전해볼 만한 식물이고 베란다의 겨울을 충분히 견딜 수 있기 때문에 큰 어려움은 없으리라 생각한다. 다만 꽃이 지고 새순이 나오기 시작할 때 간혹 진딧물이 출현하므로 주의가 필요한데, 앞서 말한 주방세제를 기억한다면 진딧물쯤은 여유롭게 대처할 수 있을 것이다.

국화과 식물은 서늘한 기후를 선호하기 때문에 고온다습한 여름에 약한 모습을 보이기도 하지만 선선한 가을바람이 불어오면 언제 그랬냐는 듯 세력을 회복한다. 꽃이 지기 시작하면 가지치기를 해주고, 이후 성장 시기 동안 지속적인 가지치기로 수형을 만들어나갈 수 있다. 여름에 힘들어한다면 잎과 가지 수를 줄여주는 것도 좋은 방법인데, 한 번에 너무 많은 잎을 자르면 급격하게 약해지는 경우도 있으니 적당히 정리해주도록 하자. 가지치기한 가지는 흙에 바로 삽목해도 비교적 성공률이 높지만 여름에는 쉽게 뿌리를 내리지 못하는 경우가 있다. 경험상 오히려 겨울에 더 성공률이 높은 듯하다. 삽목은 봄과 가을이 적기이며 실내에서는 통풍이 원활하고 서늘한 곳에서 성공률이 높다.

◦ 목마가렛 꽃은 색깔도 흰색, 노란색, 분홍색 등으로 다양해 인기가 높다.

소포라

빛 요구량 / ★★★★

물 주기 / 겉흙이 마르면 흠뻑

토양 / 중성

월동 온도 / 0도 이상 추천

원산지 / 뉴질랜드

지그재그로 자라는 특이한 가지 모양과 작고 앙증맞은 동그란 잎. 나무라 부르기에는 조금 부족하지만 오히려 연약한 모습이 소포라의 매력이다. 여백의 미를 살려주는 소포라는 모던하고 깔끔한 장소에 매우 잘 어울린다. 새로운 품종으로 우리나라에 소개된 이후 인테리어 식물로 큰 인기를 얻고 있다. 원예종으로 작게 개량된 품종이지만 가지가 자라나가는 속도가 꽤 빠르고 가지치기를 하지 않는다면 크기도 크게 키울 수 있다. 다만 부피생장은 많이 더디고 가지치기로 수형을 만들어 다듬으면 매년 같은 모습인 듯 착각이 들 정도다. 필자의 경우 3년을 키우며 수형을 만들고 있지만 가지가 분화한 것 말고는 큰 차이가 없어 보인다.

가지는 하늘을 향에 뻗어가는 특성이 있는데 그대로 그 특성을 살리는 방법이 있고, 가지치기와 철사걸이로 넓게 자랄 수 있게 해주는 방법도 있다.(322쪽 '철사로 수형 교정하는 법' 참고)

소포라는 잎이 아주 작기도 하지만 상당히 얇고 약하다. 이런 얇은 잎 식물은 건조와 과습을 모두 조심해야 한다. 수분을 많이 담지 못하는 얇은 잎은 뿌리

○ 잎이 얇고 약해 상당한 주의가 필요하다.

○ 이끼로 감싸 화분을 대신했다.

에서 수분 공급이 멈추면 급격하게 타격을 받아 말라가며 떨어지며, 단 한 번의 물 말림으로도 모든 잎을 잃을 수 있다. 과습에도 취약하므로 키우는 환경에 따른 주의가 필요하다.

여러 그루의 소포라를 다양한 토양에 식재하고 관찰해봤는데 토양 적응력이 상당히 좋은 듯하고 대부분 잘 성장하고 있다. 과습으로 실패해본 경험이 있거나 과습이 걱정될 때는 상토를 사용하지 않고 동생사나 녹소토만으로 식재해도 건강히 잘 자란다. 다만 거의 매일 물을 줘야 하고 한 번이라도 물을 말리는 실수가 있어서는 안 된다. 처음부터 끝까지 물 관리가 제일 중요하고 그것만 해결된다면 다른 부분은 매우 무난하다.

베란다에서는 충분히 겨울을 보낼 수 있고, 야외에서 키운다면 영하 날씨를 기준으로 실내로 들이도록 하자.

모나라벤더(해피블루)

빛 요구량 / ★★★★

물 주기 / 겉흙이 마르면 흠뻑

토양 / 약산성, 중성

월동 온도 / 5도 이상 추천

원산지 / 남아프리카

○ 라벤더처럼 보이지만 특성은 장미허브 쪽에 가깝다.

봄이면 보랏빛 꽃이 만발하며, 고온다습한 계절을 제외하곤 계속 꽃이 피고 지기를 반복한다. 환경만 잘 맞는다면 연중 꽃을 보여주지만 필자는 가지치기를 자주 하기 때문에 봄에만 충분히 감상하는 것으로 만족한다. 이름도 그렇고 모습도 마치 라벤더에 꽃이 핀 것처럼 보이지만 라벤더는 아니며 오히려 장미허브나 콜레우스와 훨씬 더 가깝다.

키우기 무난하나 빛 요구도가 장미허브와 흡사하기 때문에 빛이 부족하면 쉽게 웃자라기도 한다. 가지는 빠른 시간에 목질화되고 분화도 상당히 잘 되기에 수형 또한 쉽게 만들어나갈 수 있는 장점이 있다.

병충해에도 비교적 강하고 번식도 쉽게 가능하다. 꽃이 지고 나면 가지 한두 마디 정도를 잘라 흙에 꽂으면 그만이다. 바로 강한 해를 보여주지만 않는다면 대부분 뿌리를 내리고 독립된 개체가 된다.

베란다를 덮고 있는 보랏빛 꽃무더기를 상상해보라. 환경에 따라 다르긴 하지만 개화 기간도 매우 길다. 장미허브나 콜레우스가 무난한 베란다라면 해피블루 또한 빠질 수 없다.

라일락

빛 요구량 / ★★★★

물 주기 / 겉흙이 마르면 흠뻑

토양 / 중성

월동 온도 / 노지 월동 가능

원산지 / 중국

◦ 팔리빈 라일락

봄이 되면 아름답고 화려한 연보랏빛 꽃이 만발하는 라일락. 땅에 심어져 있는 경우 노지 월동이 가능하기 때문에 야외 정원에서도 종종 볼 수 있다. 내한성이 강하다고 알려져 있지만 화분에 심은 채 노지 월동을 할 경우 화분을 보온재로 감싸는 것이 안전하다.

라일락 꽃이 피기 시작하면 제일 먼저 꿀벌들이 모여들어 열심히 꿀을 채취하는 모습을 볼 수 있어, 봄이 왔음이 확연히 느껴진다.

흔히 '미스김 라일락'으로 알려져 있고 또 그 이름으로 판매되는 것은 사실 대부분 팔리빈 라일락이다. 우리나라 수수꽃다리속 정향나무가 미국으로 넘어가 개량되면서 미스김 라일락이라는 이름을 얻게 되었고, 팔리빈 라일락은 중국 수수꽃다리속 식물이 미국으로 넘어가면서 식물 채집가의 이름을 딴 것으로 알려져 있다.

미스김 라일락은 잎이 타원형이며 잎 끝이 뾰족하고 주름이 있고, 꽃은 연보라로 시작해 만개하면 흰색 꽃을 볼 수 있다. 반면 팔리빈 라일락은 미스김 라일락에 비해 크기가 작고 잎이 동글며 꽃이 만개해도 연보랏빛을 유지한다. 이 두 꽃은 엄연히 다르지만 아직까지는 딱히 구분 없이 유통되는 것 같다. 익숙한 이름이라 구분하지 않는 것인지, 단순하게 편리함을 따른 것인지 정확한 이유는 모르겠다.

산토리나와 커리플랜트

빛 요구량 / ★★★★★

물 주기 / 겉흙이 마르면 흠뻑

토양 / 중성

월동 온도 / 노지 월동 가능

원산지 / 스페인

식물의 잎이 은빛으로 빛날 때 그 신비로움은 말로 표현할 수 없다. 은빛을 내는 식물은 많지만 그중 으뜸은 단연 산토리나다. 코튼라벤더라고 부르기도 하지만 라벤더는 아니며 국화과 식물로 향이 있고 노란꽃을 피운다. 매우 아름답고 개인적으로도 무척 좋아하는 식물이다. 하지만 그 유혹에 쉽게 넘어가면 안 된다.

아쉽게도 해가 제법 잘 드는 베란다에서 키우는 것도 쉽지 않고, 야외에서 건강하게 키워도 국화과 식물이 그렇듯 고온다습한 여름에 상당히 약하다. 멋스럽게 빛나던 잎에 곰팡이가 생기기도 하고 갈색으로 말라 떨어지며 곧 앙상하게 변하기도 한다. 가을에 가지를 다시 정리해주고 새로운 잎이 나면 다시 성장하지만 복구까지 꽤 오래 걸린다. 반면 추위에는 상당히 강해서 땅에 식재하면 노지 월동이 가능한 것으로 알려져 있고, 화분에서는 영하 10도까지 야외에서 난 적이 있는데 잎에 어떤 피해도 없었다.

산토리나는 독성이 있는 벌레에게 물렸을 때 사용하거나 구충제로 복용하기도 하고 간 기능을 회복시키는 효능이 있다는 얘기가 있으나, 현실적으로 활용할 수 있는 건 잎을 말려 해충이 자주 출몰하는 곳에 두는 정도일 것이다. 그 또한 해보지 않아 효과를 확신할 수 없다.

매년 상한 가지를 잘라주고 잎을 새로 받는 수고가 들지만 그럼에도 산토리나를 대체할 수 있는 식물은 없다. 까다로운 특성상 해가 잘 들고 통풍이 원활한 베란다를 갖고 있는 분께도 쉽게 추천할 수 없지만, 도전해볼 의지가 있다면 진심으로 응원하고 싶다.

산토리나와 특성이 매우 비슷한 국화과 식물로 커리플랜트가 있다. 멀리서 보면 구분이 안 될 정도로 비슷하지만 잎의 특성이 완전히 다르다. 산토리나처럼 노란색 꽃을 피우며, 이름에서 짐작이 가듯 커리향이 난다고 한다. 정통 커리향이 어떤지 잘 모르지만 커리보다는 쑥향에 더 가깝지 않을까 생각한다. 산토리나에 비해서 내한성이 떨어져 영하 5도 정도에서 실내로 들여야 한다.

커리플랜트와 관련된 정보에는 항상 응애가 따라다닌다는 글이 있는데 미세한 거미줄을 보고 응애라고 착각했을 수도 있다. 야외에서 키울 때 응애보다는 나방 애벌레를 주의해야 한다. 특유의 향기로 인해 나방이 찾아와 산란하기

○ 커리플랜트. 같은 은빛이지만
잎 모양이 산토리나와 좀 다르다.

때문에 거미줄이 보인다면 애벌레를 의심하자. 잎을 향신료로 사용하기도 하고 씨를 이용해 소염제나 방충제를 만들기도 한다. 기관지와 폐의 기능을 활성화시키는 역할도 한다고 하니 자주 향기를 맡아야겠다.

가문비

빛 요구량 / ★★★★★

물 주기 / 겉흙이 마르면 흠뻑

토양 / 산성, 약산성

월동 온도 / 노지 월동 가능

원산지 / 유럽 및 아시아

◦ 봄을 맞이해 새순을 내고 있는 은청가문비. 식멍을 부르는 매혹적인 나무다.

야외 정원이나 테라스, 혹은 해가 잘 드는 베란다를 가지고 있다면 이 신비로운 식물을 꼭 키워보길 바란다. 세계적으로 아라우카리아, 구상나무와 함께 크리스마스트리로 많이 사용하는 매혹적인 침엽수이기도 하다. 별도의 가지치기를 하지 않아도 스스로 원추형을 만들어 균형을 잡아나가고, 커갈수록 본연의 모습이 드러난다. 유럽에서 개량된 품종이 다양하기 때문에 외형적 특성이 조금씩 다르지만 특별히 주의해야 할 사항은 없다.

새순이 나오는 모습은 우리가 흔히 아는 소나무와 비슷한데 은청가문비의 경우는 형용할 수 없는 색감에 눈을 뗄 수가 없다. 사진을 찍으며 몇 번이나 감탄사를 연발했는지 모른다. 색감을 말로 표현하기 어렵고 그저 신비로울 따름이며, 사진에 그 색감이 다 담기지 않기에 안타까울 뿐이다.

가문비나무는 우리나라에서도 자생하는 만큼 추위에 강하지만 화분에 심어 월동하는 경우 보온재를 둘러주는 것이 안전하다. 땅에 식재할 때는 봄에 심어 겨울 전까지 뿌리가 잘 자리 잡도록 해주는 것이 좋다. 과습에 주의해야 하나, 야외에서 키운다면 너무 물을 말릴 필요는 없다. 새순은 약하지만 점점 단단해지고 시간이 지남에 따라 청색에 가깝게 변해간다. 종종 침엽수들도 수형을 위해 가지치기를 해주는데 가문비만큼은 그대로 키우는 것을 추천한다.

◦ 침엽수 골드콘의 새순. 모든 새순은 아름답다.

◦ 매혹적인 침엽수인 아라우카리아.
가지치기를 통해 아름다운 모습으로 만들 수 있다.

다육식물

빛 요구량 / ★★★★

물 주기 / 속흙까지 마르면 흠뻑

토양 / 산성~알칼리성, 원산지에 따라

월동 온도 / 5도 이상 추천

원산지 / 아메리카, 아프리카, 마다가스카르 등

다육식물은 잎이나 몸체에 물을 많이 저장하고 있는 식물을 통칭하기 때문에 그 종류는 헤아릴 수 없을 만큼 많다. 봄볕이나 가을볕에 빨갛게 물든 모습은 단풍으로 유명한 어떤 식물들에도 밀리지 않을 정도로 매력적이다.

수많은 다육식물 중 필자는 염자를 가장 선호한다. 나무 모양을 좋아하는 지극히 개인적인 취향이다. 가지치기로 가지를 분화시켜 수형을 만드는 과정이 나무와 아주 흡사하고 그 모습 또한 멋진 나무가 서 있는 듯하다.

다육식물은 특성상 한여름 고온다습한 시기만 잘 보내면 특별히 관리해줄 일이 없을 정도로 무난하게 키울 수 있다. 봄가을에는 화분 속 흙이 완전히 마르거나 가장 아래에 있는 잎이 약간 쪼글거리기 시작할 때 물을 주면 되고, 여름에는 물을 많이 아끼거나 아예 주지 않는 것도 좋다. 겨울에는 환경에 따라 선택해야 한다.

다육식물을 흔히 사막식물로 여기는 까닭에, 뜨거운 한여름 햇볕 아래 방치

○ 다육식물 염자

○ 마치 한 그루 나무 같다.

하는 게 좋다고 생각하는 사람도 많다. 하지만 여름에는 태양에 노출되는 지상부보다 화분이 뜨거워지면서 지하부가 먼저 무르는 경우가 종종 있기 때문에 직사광선을 받게 하기보다는 통풍이 원활한 반그늘에서 관리하는 것이 더 안전하다. 물론 봄과 가을에는 야외의 직사광선 아래 키워야 다육식물 본연의 매력을 발휘한다.

○ 같은 특성을 가진 다육끼리 모아 심어도 좋다.

서로 어울릴 만한 다육식물을 넓은 화분에 함께 심어 키우는 것도 보기 좋은데 이럴 때는 성격이 비슷한 종류로 선택하는 것이 좋다. 다만 수많은 다육식물의 생육을 다 알기는 어렵기 때문에 합식 후 상태가 좋지 않은 식물은 다시 분리해서 키워야 한다. 꽃을 피우는 다육도 많은데, 염자의 경우 잎이 많아 꽃이 피면 더욱 아름답다.

다육식물의 광합성

다육식물은 침실에서 키우라는 말이 있다. 일반적으로 식물은 낮에 이산화탄소를 이용해 광합성을 하며 산소를 방출하고, 밤에는 산소를 이용해 호흡하고 이산화탄소를 방출한다. 하지만 다육식물은 밤에도 이산화탄소를 흡수하는 특성이 있어 그런 말이 나온 것이다. 다육식물을 CAM Crassulacean acid metabolism 식물로 분류하기도 하는데, 쉽게 말해 밤에 흡수한 이산화탄소를 이용해 낮에 광합성을 하는 식물이라고 생각하면 된다.

원리를 생각해보자. 한낮에 뜨거운 태양이 곧바로 내리쬐는 건조한 기후, 강수량 또한 많지 않아 수분 공급이 원활하지 않다. 식물은 광합성을 하기 위해 기공을 열어 이산화탄소를 흡수해야 하지만, 기공을 여는 순간 빠르게 체내의 수분이 손실될 가능성이 크다. 기공을 열면 수분이 손실되고, 닫으면 광합성을 할 수 없는 진퇴양난 상황이다. 그래서 다육식물들은 온도가 떨어지는 밤에 기공을 열어 이산화탄소를 흡수하고 말산 형태로 액포에 저장해두었다가 낮이 되면 이 말산을 탄산이온(이산화탄소)으로 변환시켜 광합성을 한다. 기공을 닫은 채

광합성이 이루어지기 때문에 산소 또한 방출될 수 없어 기공이 열리는 밤에 산소를 방출한다. 또 사막 지대의 식물들에게 수분은 생명과도 같기 때문에 수분 손실을 막기 위해 큐티클층이 두껍게 발달하는 경향이 있다. 식물의 생존 메커니즘을 보면 정말 감탄이 절로 나온다. 그러나 다육식물을 빛이 부족한 침실에서 키우는 일은 없길 바란다. 빛 요구량이 많은 식물이라 금방 약해지고, 웃자라 쓰러질 수 있다. 낮에는 최대한 해가 좋은 곳에서 광합성을 하게 하고 밤에만 침실로 옮기는 경우라면 문제가 없다.

◦ 꽃을 피운 염자

손 안의 작은 정원, 테라리움

멋진 유리온실을 갖는 건 식물을 좋아하는 가드너들의 공통된 꿈일 것이다. 하지만 현실에서 커다란 유리온실을 갖기란 쉽지 않다. 그럴 땐 작은 유리온실을 마련해 대리만족하는 방법이 있다. 나만의 테라리움을 가만히 바라보고 있으면 마치 꿈에 그리던 진짜 유리온실에 온 듯한 착각에 빠진다.

테라리움 만들기

1. 먼저 어떤 식물로 테라리움을 만들지 정한다. 취향대로 선택하면 되지만 성질이 다른 식물을 같은 곳에 식재하는 것은 피해야 한다. 예컨대 이끼와 다육식물을 함께 식재하는 건 참자. 둘은 성격이 완전히 달라 가까이 있으면 불편하다. 필자의 경우 습한 환경에서 자라는 식물로 만들어볼 생각이라 이끼를 산 후, 갖고 있는 식물 중 이끼와 함께 자랄 수 있는 식물을 택했다.

○ 이끼 종류: 구름이끼, 비단이끼, 서리이끼

2. 식물을 선택했다면 바닥재를 깔아야 하는데 우리가 흔히 배수층으로 사용하는 재료 정도면 충분하다. 밀폐되고 습한 공간이기 때문에 비료 성분이 많은 분갈이흙을 사용하면 웃자랄 수 있다.

○ 사용 바닥재: 녹소토, 마사토

3. 바닥재는 평평하게 깔기보다는 자연스럽게 높낮이를 줘, 입체감을 주는 것을 추천한다.

4. 식물을 식재할 차례다. 나무젓가락 등을 이용해 바닥재를 살짝 판 후 하나씩 심어나간다. 마사토가 식물을 지지, 고정해주는 역할을 해 어렵지 않게 심을 수 있지만 섬세함을 요하는 작업이기 때문에 집중해야 한다.

5. 퓨전화이트와 베고니아를 식재한 모습이다. 식물 사이 남는 공간은 이끼로 채워준다.

6. 반대편에는 보석란을 식재하고 역시 이끼로 마무리했다.

7. 가장 앞쪽은 항상 관찰하기 위해 까칠하기로 소문난 베고니아 다스베이드리아나를 식재하고 수태로 감싸주었다.

8. 식물 식재가 완성되었다면 분무기를 이용해 물을 충분히 뿌린다. 바닥재가 젖을 만큼 적셔주면 되는데, 밀폐된 공간이기 때문에 습도가 상당히 오래 지속된다. 표면에 깔아둔 이끼가 살짝 마른 듯하면 다시 충분히 분무하자.

나만의 작은 온실, 테라리움이 간단하게 완성되었다. 관리하기는 비교적 수월하지만 습한 환경이라 웃자랄 수 있으니, 환한 곳에서 관리하고 식물등 밑에서 키운다면 더욱 좋다. 식물 종류는 언제든 더 넣거나 다른 식물로 교체해주면 된다. 비료 성분이 없기 때문에 가끔 액체 비료를 연하게 희석해 분무해줘도 좋지만 역시 웃자람에 유의하자.

제9장

알아두면 유익한 소소한 팁

아무리 책을 보고 경험자들의 조언을 들어도 완벽할 수 없는 게 식물 키우기다.
이론으로는 완벽하게 아는데 실제로 해보면 멀쩡하던 식물이
하루아침에 죽어버리는 등, 이론과 상반되는 상황도 벌어진다.
오직 경험으로만 깨닫게 되는 것들이 있다.
여기서는 필자의 경험으로 터득한, 쏠쏠한 정보 몇 가지를 소개한다.

쎄하면 엎어라

모든 분야가 그렇지만 식물 키우기 역시 알면 알수록 배울 것이 늘어난다. 아는 게 많아질수록 모르는 것도 많아지니 참 아이러니다. 처음 식물을 키울 때는 왠지 잘할 수 있을 거라는 자신감이 앞선다. 그런데 경험이 늘어나고 공부를 할수록 오히려 자신감은 떨어지고 그동안 얼마나 경거망동했는지 절실히 깨닫게 된다. 어렵지 않게 할 수 있을 것 같던 일들이 식물 수가 늘어나면서 전혀 예측하지 못한 상황으로 돌변하고, 도무지 어찌 해야 할지 몰라 난감하기도 수차례다.

앞서 말한 것처럼 내가 키우는 식물에 나타난 어떤 현상의 원인을 일반화해서 모든 식물에 대입할 순 없다. 경험이 축적되면서 깨달은 것 중 하나는, 한 현상에 대한 원인은 수도 없이 많으며 내가 속한 환경에서 내가 직접 키우는 상황이 아니라면 발생 원인을 추측하는 것도 쉽지 않다는 점이다. 예컨대 잎이 노랗게 변하는 이유를 두고도 여러 가지 진단이 나올 수 있다. 질문한 사람의 환경이나 물 주기 방법 등을 묻고 그것이 자연스러운 하엽인지, 양분 부족인지, 혹은 뿌리가 상한 것인지 등에서 가장 가능성 높은 원인을 추측해볼 수 있을 뿐이다.

내가 키우는 식물은 내가 제일 잘 아는 법이다. 키우는 환경과 습관을 제일 잘 알기 때문이다. 식물에 문제가 생겼을 때 어디서 잘못되었는지 어렵지 않게 알 수 있다. 하지만 간혹 추측이 빗나가기도 하고 도무지 원인을 알 수 없는 때도 있다. 여기저기 살펴봐도 병충해 흔적도 없고 뭐가 문제인지 모르겠는데 왠지 느낌이 쎄할 때. 그럴 때는 과감히 화분을 엎자. 식물인들에게는 유명한 말이 있다. "쎄하면 엎어라."

화분을 엎어보면 대부분 원인이 나온다. 분갈이한 지 오래되었다면 더더욱 엎어보길 추천한다. 대부분의 경우 뿌리가 상해 있거나 곰팡이 혹은 벌레의 공격을 받고 있을 것이다. 그런데 화분을 엎어봤는데도 특별한 이유를 찾지 못할 때가 있다. 그럴 때는 서로 엉킨 뿌리를 살짝 정리해주고 새 흙으로 분갈이를 해주자. 그렇게 자극받은 뿌리들이 새 뿌리들을 만들고 새로운 흙에 완전히 적응하면 몰라보게 건강해지기도 한다.

나는 비료에는 조금 박한 편이지만, 조금이라도 성장세가 주춤할 땐 분갈이를 해준다. 그것이 지금까지 해왔던 다른 어떤 방법보다 효과가 좋았다.

빨리 발견하면 살릴 수 있다

식물의 병도 조기에 발견해 치료하는 것이 중요하다. 식물이 죽는 원인은 추위와 더위, 충해나 물마름 등 다양하지만 놀랍게도 대부분은 과습으로 죽는다. 뿌리가 흙 속에 있어 눈으로 확인하기 힘들어서다. 그렇다고 매일 화분을 엎어볼 수도 없으니 결국 식물에 문제가 나타나기 시작해야 겨우 눈치 챌 수 있다. 증상이 나타난 후에는 이미 뿌리를 타고 식물체에 세균이 퍼진 경우가 많기 때문에 이럴 때는 빠르게 조치를 취하는 것이 가장 중요하다. 뿌리는 많은 부분을 제거해도 다시 자라므로 큰 문제가 되지 않는다.

그렇다면 어떻게 식물 상태를 제대로 알 수 있을까? 여름철 고온 기간이나 장마철 과습기에 내가 하는 방법을 소개한다.

뿌리는 수분과 양분을 흡수하는 역할과 함께 식물체를 지탱하는 역할도 하는데, 흙 속에서 잘 자리 잡은 뿌리는 손으로 살짝 흔들어보면 단단하게 흙을 부여잡고 있는 느낌이 든다. 이때 식물을 살짝 밀듯이 흔들어보면 감이 온다. 뿌리가 상한 경우는 식물을 지탱하는 역할을 제대로 하지 못해 평소와 다른 느낌이 들 것이다. 평소와 달리 어딘가 느슨하거나 밑부분이 흔들린다면 고민하지 말고 화분을 엎어보자. 이렇게 해서 상한 뿌리들을 비교적 초기에 발견했다면 그것들만 정리해주고 새 흙에 다시 심어주자. 너무 세게 흔들 경우 오히려 건강한 뿌리가 상할 수 있으니 가볍게 밀듯이 흔들어보는 정도가 좋다.

화분을 엎어보았는데 뿌리가 너무 많이 상해서 정리해주고 나니 거의 남아 있지 않다면? 이럴 때는 바로 화분에 심지 말고, 비료 성분이 없는 상토나 젖은 수태, 녹소토, 물꽂이 등을 이용해 새로운 뿌리가 나올 때까지 관리해주면 된다. 뿌리가 안전하게 돋아나면 그때 흙에 심어주는 것이 더 안전하다. 고온이나 과습이 오기 쉬운 시기라면 식물들과 인사하듯 한 번씩 손으로 만져주자. 하면 할수록 말로는 표현하기 어려운 손끝 감각이 생겨날 것이다.

습한 장마철, 안전하게 물 주기

장마철은 가드너들에게 이래저래 곤란한 시기다. 비가 계속되면 창문을 열 수도 없거니와 습도도 무척 높아진다. 통풍이 제대로 되지 않아 물마름도 늦어진다. 물을 한번 잘못 주었다가 장마가 끝날 때까지 흙이 마르지 않는 경우도 있어 과습 위험이 높다. 장마 기간이 길어질수록 문제는 더 심각해진다. 자연히 이 시기에 식물들도 많이 죽는다.

나 역시 비슷한 경험을 하면서 나름대로 방법을 생각해냈다. 바로 저면관수를 이용하는 것으로, 흙을 완전히 적시는 저면관수가 아니라 식물의 목마름만 일시적으로 해결해주는 방법이다. 즉, 화분의 30% 정도만 물에 잠기도록 해서 2~3분간만 두었다 꺼낸다. 식물에 수분을 공급하되 흙이 완전히 젖은 상태가 아니기 때문에 과습의 위험은 상대적으로 적다. 물론 화분의 크기나 흙 상태에 따라 시간은 달리해야 하지만 핵심은 흙이 완전히 젖기 전에 꺼내야 한다는 점이다. 이렇게 하면 물을 달라고 고개를 떨군 아이들이 다시 고개를 드는 것을 눈으로 확인할 수 있다.

장마철이 지나면 흙이 완전히 젖도록 물을 충분히 주는 것도 잊지 말자.

뿌리가 예민한 식물을 위한 분갈이 요령

웬만한 식물은 뿌리를 어느 정도 정리하고 분갈이를 해주면 새로운 뿌리가 자리 잡으면서 더 잘 자란다. 하지만 뿌리가 유난히 민감한 식물도 있는데, 대표적으로 유칼립투스나 호주매화 등이 있다.

이런 식물들은 분갈이만으로도 상당한 스트레스를 받고, 뿌리에 손을 대는 분갈이를 했다가는 손 한번 못 써보고 죽어버리는 경우도 있다. 뿌리를 건드리지 않고 더 큰 화분에 옮겨 심는 방법이 있지만 유칼립투스는 뿌리 발달이 매우 빠르기 때문에 그때마다 큰 화분으로 옮겨 심는 것도 한계가 있다. 그렇다고 뿌리가 가득 차 성장도 둔해지고 하나둘 문제가 생기는 걸 그대로 방치할 수도 없는 노릇이다.

원리는 간단하다. 뿌리가 민감한 식물은 뿌리가 상처를 입으면 물 끌어올림이 아주 약해지기 때문에 잎까지 수분을 제대로 공급할 수 없다. 수분을 공급받지 못한 잎들은 하나둘 마르고 결국 가지까지 말라 들어가는데, 뿌리가 완전히 활착하기 전에 가지까지 말라버리니 결국 나무 전체가 죽는 일도 빈번하게 일어나는 것이다.

이런 경우에 내가 사용하는 방법이 있다. 이 방법으로 수도 없이 뿌리를 정리하고 오히려 더 작은 화분으로 옮긴 적도 많은데 대부분 잘 적응해서 자라주었다. 분갈이 요령을 다음과 같이 정리해보았다.

1. 분갈이 시기를 잘 선택해야 한다.
   여름이나 겨울은 당연히 좋지 않고, 가을도 괜찮기는 하지만 식물의 성장이 가장 활발히 일어나는 봄에 하는 것을 추천한다. 소위 '계절 버프'라고도 한다. 다른 계절보다 뿌리가 활착하는 속도가 빠르기 때문에 봄이 유리하다.

2. 보통 뿌리를 정리한 만큼 잎도 같은 비율로 가지치기를 하지만 민감한 식물이라면 가지를 조금 더 잘라준다. 예를 들어 뿌리를 30% 정도 정리했다면 가지는 50% 이상 잘라서 수분 요구도를 최대한 줄이는 것이다.

3. 공기 중 습도가 너무 낮으면 잎의 수분을 빼앗긴다. 그렇지 않아도 뿌리에서 수분이 올라오지 못하는데 공기 중 수분까지 적으면 잎은 더욱 빨리 마르기 마련이다. 이럴 땐 비닐로 식물의 가지와 잎을 완전히 밀봉해 수분을 유지시켜 주면 된다. 물론 최소한의 구멍은 뚫어줘야 곰팡이를 예방할 수 있다.

4. 뿌리가 화분에 자리 잡을 때까지 환경이 중요하다.
   앞서 말한 것처럼 잎의 수분을 지키는 것이 관건이기 때문에 당연히 직접 해를 보여주면 불리하다. 해를 보면 광합성이 일어나고 잎은 많은 수분을 요구하게 된다. 해가 보이는 곳에 놓는다면 결과는 보나 마나다. 너무 덥지 않고 해가 직접 닿지 않는 환한 곳에 두는 것이 좋다.

○ 수분 지켜주기

5. 가장 많이 실수하는 부분은 물 주기다.
   일반적인 가지치기도 그렇지만 가지를 많이 정리했다면 그만큼 물 주는 주기도 늘려야 한다. 뿌리와 가지 둘 다 정리한 상태라면 더더욱 그렇다. 평소 과습에 취약한 식물이라면 뿌리가 제대로 활착하기 전에 썩어버릴 수도 있고, 당연히 물을 소비하지 못하기 때문에 흙이 잘 마르지도 않는다. 잎의 수가 얼마 없다면, 화분 무게가 가벼워질 때쯤 물을 주도록 하자. 물론 너무 말려버리면 뿌리도 같이 말라버리기 때문에 3분의 2 정도 말랐다 싶을 때 주면 무리가 없다.

쉽지 않지만 이 정도만 잘 지켜줘도 서서히 뿌리가 활착하면서 새순이 나오기 시작한다. 물론 식물이나 환경에 따라 몇 주 또는 한 달 이상 걸릴 수도 있기 때문에 더욱 봄에 하길 권한다. 새순이 나온다는 건 뿌리에서 적게나마 수분이 공급되고 있다는 뜻이다. 이때 갑자기 강한 햇빛에 노출하면 소중한 새순이 다시 말라버릴 수 있으니 서서히 적응시켜줘야 한다.

식물에 맞는 화분 고르기

화분은 어떤 것이 좋을까? 화분의 종류와 특성 등을 알아보자.

먼저 화분 크기를 살펴보면, 작은 화분은 식물을 돋보이게 해주고 큰 화분은 식물이 더 크고 빠르게 자랄 수 있게 해준다. 그런데 식물 크기에 비해 너무 작은 화분을 쓰면 금세 뿌리가 가득 차 분갈이를 해줘야 하고 분갈이 시기를 넘기면 성장이 둔해지는 문제가 발생한다. 반대로 너무 큰 화분은 물 주는 주기는 길지만 한 번의 실수로도 과습이 올 수 있다. 그래서 식물의 크기와 뿌리에 맞는 적당한 화분을 선택하는 것은 매우 중요하다.

어떤 크기가 적당할까. 식물 지상부(흙 위)와 지하부(흙 속)의 무게 비율을 TR율이라 하는데 이 값이 작을수록, 즉 지하부의 비율이 높을수록 좋다고 한다. 하지만 식물의 특성이나 토양의 특성에 따라 다르니 참고만 하자.

식물은 자라온 환경에 따라 뿌리가 자라는 속도나 뻗는 넓이, 깊이가 다 제각각이다. 그럼에도 지상부와 지하부를 1:1로 보는 것이 일반적이다. 가령 지상부(가지와 잎)가 50이라면 지하부(뿌리)도 50만큼 자랐다고 보는 것인데, 분갈이를 할 때 뿌리를 정리해 40 정도가 되었다면 가지와 뿌리가 잘 자라도록 60~70 정도 크기의 화분에 심어주면 적당하다. 하지만 이것도 절대적인 기준은 아니라서 필자의 경우 자주 분갈이를 해줄 각오로 점차 화분을 작게 만들어가기도 하니 참고만 하길 바란다.

다음으로 화분의 재질에 대해서 알아보겠다. 그중 우리가 흔히 사용하는 화분을 재질별로 크게 나눠보면 토분, 플라스틱분, 시멘트분, 도자기분, FRP분 등이 있다. 각 화분의 특성과 장단점을 간단히 살펴보자.

토분

흙을 고온에서 구워 만든 화분으로, 틀로 찍어 대량으로 생산하는 제품과 손으로 빚어 만드는 수제 토분이 있다.

장점: 흙으로 만들어 친환경이고 식물과 잘 어울린다. 통기성이 좋아 과습 확률을 줄일 수 있다.

단점: 크기가 커지면 무겁고 잘못하면 쉽게 깨진다. 통풍이 부족한 실내에서는 곰팡이 등이 생길 수 있다.

제조국별 토분의 특성: 우리가 사용하는 토분은 제조국에 따라 조금씩 특성이 다르다. 유럽이나 동남아시아에서 만든 토분은 상대적으로 두껍고 무겁다. 그에 비해 우리나라에서 만든 토분은 가볍고 부드러운 느낌으로, 물을 주면 표면으로 수분이 스며 나올 정도로 통기성이 뛰어나다. 물론 흙의 차이도 있겠지만 각 나라의 가드닝 환경도 영향을 미친 것 같다.

유럽이나 동남아처럼 주로 야외에서 식물을 키우고 정원 문화가 발달한 경우 무겁고 단단한 토분을 선호하는 경향이 있다. 그들이 만약 우리나라에서 제조된 토분을 사용했다간 하루가 멀다 하고 물을 줘야 하고, 너무 가벼워 바람에 쓰러지고 깨지는 일도 다반사일 것이다. 반대로 우리의 베란다 문화에서 야외 정원용 토분을 사용한다면 무거워 옮기기도 힘들고 두꺼운 만큼 물마름이 더딜 수 있다. 또한 진열대 같은 화분대를 이용해 층층이 식물을 올려 키우는 우리 환경에서는 무거운 정원용 화분은 적합하지 않다.

한마디로 어떤 토분이 좋다는 절대적 기준 같은 건 없다. 자신이 처한 환경이나 취향, 필요

에 따라 선택하면 된다.

플라스틱분

줄여서 '플분'이라고 부르는데 우리가 농장이나 화원에서 식물을 구입할 때 담겨 있는 기본적인 화분이다.

장점: 가격이 저렴하고 가볍다. 물구멍이 많아 물빠짐이 좋다.

단점: 최근에는 다양한 형태, 컬러, 디자인이 출시되고 있지만 여전히 식물과 어우러지는 멋이 덜하고 특히 인테리어용으로는 뭔가 부족한 느낌이다.

시멘트분

말 그대로 시멘트로 만들어진 화분. 안쪽에 유약 처리를 하지 않은 경우 토분처럼 물이 스며 나오고 통기성이 좋지만 최근엔 표면이 변질되는 것을 막기 위해 대부분 유약 처리되어 있다. 일반적인 시멘트는 알칼리성 성질이 있기 때문에 산성 토양을 선호하는 식물은 뿌리가 가득 차지 않도록 관리하는 것이 좋다.

장점: 모던한 느낌으로 세련된 실내에 잘 어울려 몇 년 전부터 인기를 끌고 있다. 시멘트 재질이라 상대적으로 단단하다.

◦ 플라스틱 화분의 몬스테라

◦ 시멘트 화분

단점: 상당히 무겁고 시멘트라는 재료가 주는 반감이 있을 수 있다. 큰 충격 없이도 실금이 가기도 한다.

도자기분

흙으로 만든 후 유약이 두껍게 처리된 화분으로, 개업 화분 등 선물용으로 많이 쓰인다.

장점: 군더더기 없는 디자인으로 깔끔하고 쉽게 오염되지 않으며 오염이 되어도 쉽게 제거할 수 있다.

단점: 충격에 약하고, 유약이 두껍게 처리되어 있어 통기성이 떨어진다.

FRP분

섬유강화플라스틱(Fiber Reinforced Plastics) 화분의 약자로, 시멘트 화분이 유행하면서 대체품으로 사용되는 화분이다. 지금도 시멘트 화분과 FRP 화분을 분류하지 않고 판매하는 경우가 있으며 만져보고 들어보지 않는 한 육안으로 구분하기 어려울 정도로 비슷하다.

◦ 도자기 화분의 포인세티아

◦ FRP 화분의 로즈마리

장점: 저렴한 가격으로 시멘트 화분과 비슷한 느낌을 줄 수 있고, 무게가 더 가볍기 때문에 대형 식물을 심기에도 좋다.

단점: 통기성이 떨어지고, 오래 사용하면 변색이나 오염이 생기기도 한다.

필자의 경우 토분과 플라스틱 화분을 주로 사용한다. 어디까지나 각자 취향에 따라 혹은 장소나 필요에 따라 골라 쓰면 된다.

화분을 선택해 식재했다면 화분의 장단점을 숙지해 장점을 살리고 단점은 극복할 수 있는 방법으로 식물을 관리해야 한다. 통기성이 부족한 화분이라면 물빠짐과 통기성이 좋게 흙 배합을 해줘야 건강하게 자랄 수 있다. 마음에 드는 화분이 너무 무겁다면 바퀴가 달린 받침을 이용해보자.

빗물은 보약

빗물은 식물에게 어떤 이로움이 있을까? 정말 식물에게 보약일까?

결론부터 말하자면 빗물은 식물에게 보약이 맞으며 어떤 물보다 더 뛰어나다.

빗물의 PH

우리가 흔히 식물에게 주는 수돗물은 평균 PH 7 정도의 수치를 보이는데, 빗물은 PH 5.6을 기준으로 그보다 낮은 경우를 산성비라 일컫는다. 물론 빗물의 PH는 계절이나 날씨의 영향을 받는다. 황사나 미세먼지가 많은 계절에는 PH 수치가 올라가고 가을, 겨울의 수치는 더 낮은 것으로 알려져 있다. 앞서 살펴봤듯 많은 식물들이 약산성에서 중성 사이의 산도를 선호하기 때문에 수돗물보다는 빗물이 더 이롭다. 하지만 수돗물을 준다고 식물에 문제가 생기는 것은 아니며 강한 산성 토양을 선호하는 몇몇 식물(블루베리, 철쭉, 치자 등)만 주의하면 된다.

해결책: 1L의 수돗물에 2~3ml의 식초를 혼합하면 빗물과 유사한 PH를 만들 수 있다. 다만 전문 원예 제품이 아니기 때문에 부분적으로 사용하면서 문제가 없을 경우 차차 넓혀가길 추천한다.

수돗물의 염소 성분

수돗물에는 소독을 위한 염소 성분이 있기 때문에 식물에 따라 민감하게 반응하기도 한다. 예컨대 아레카 야자는 수돗물을 계속 주면 잎이 갈색으로 말라간다.

해결책: 염소 제거제가 따로 있지만 매번 그렇게 할 순 없는 노릇이다. 수돗물을 받아놓고 1~2일 정도가 지나면 많은 양의 염소 성분이 날아간다.

빗물 속의 양분

빗물은 질소 성분과 미네랄 등 여러 양분을 포함하고 있다고 한다. 특히 번개가 칠 때 대기 중 질소가 빗물로 녹아들어 더 많은 이로움을 준다고 알려져 있다. 하지만 일반 빗물에 녹아 있는 질소량은 미미해서, 빗물을 주지 못해 양분 결핍이 일어나는 일은 없다.

해결책: 적정량의 비료 주기.

빗물 속의 용존산소

빗물이 식물에게 보약이 되는 가장 큰 이유는 바로 빗물 속의 용존산소다. 용존산소는 물에 녹아 있는 분자 상태의 산소를 말하는데 이 산소가 식물이 성장하는 데 이로운 작용을 한다.

실내에서는 물 몇 번만 줘도 쉽게 과습이 되는 것과 달리 밖에 놔둔 화분은 며칠 동안 비를 맞아도 건강한 것을 본 적이 있을 것이다. 흙이 계속 젖어 있는 과습 환경은 뿌리의 호흡을 방해하지만 용존산소가 보급되면 상황은 달라진다. 또 흙 속에서 식물과 공생 관계에 있는 이로운 미생물들이 용존산소를 이용해 살고 번식하기 때문에 화분 속의 산소량이 늘어난다는 것은 미생물의 수가 늘어난다는 뜻이기도 하다. 이뿐인가? 빗물이 토양의 염분과 염류를 씻어내는 역할을 하고 식물에 붙은 이물질과 먼지도 말끔히 씻어내 광합성을 더 활발히 하도록 돕는다. 다만 너무 오랫동안 빗물로 화분을 씻어내면 비료 성분도 같이 유실될 수 있다는 점은 알아두자.

해결책: 실내 가드너들은 매번 빗물을 받아 사용할 수 없다. 하지만 용존산

소량을 늘리는 방법은 있다. 토양에 산소가 원활히 유입될 수 있도록 공극을 만들어주고 물을 줄 때 배수 구멍으로 충분히 흘러나오도록 주는 것이다. 용존산소량을 늘리기 위해 간혹 과산화수소를 화분에 주는 경우도 있는데 산소량은 늘겠지만 미생물들이 해를 입을 수 있기 때문에 추천하지 않는다.

철사로 수형 교정하는 법

철사걸이는 말 그대로 철사를 가지에 걸듯 감아주는 것으로, 보통 식물, 특히 분재의 가지 배열을 조화롭게 만들 때 사용한다. 관엽식물에 적용하는 경우는 드물지만 간혹 교정이 필요한 가지나 식물 특성상 철사걸이를 해줬을 때 더 멋지게 자라는 것도 있으니 잘 사용하면 멋진 수형을 만들 수 있다.

주의할 점은 처음 감을 때 너무 힘을 주어 촘촘하게 감으면 가지들이 부피생장을 하면서 상처를 입고, 한번 상처가 나면 오래 남는다는 것이다. 가지 굵기를 감안해 여유를 두고 감아야 한다. 또 분재용 철사의 경우 굵은 것과 가는 것이 있는데, 경험이 없다면 가는 철사를 사용하는 것이 좋다. 굵은 철사는 힘 조절이 필요하고 도중에 가지가 부러지는 사고도 종종 생긴다. 다만 너무 가는 철사를 쓸 경우 가지를 고정할 힘이 없기 때문에 두 줄을 겹쳐서 사용하는 것을 추천한다.

◦ 굵은 철사 ◦ 가는 철사

나무 전체의 가지 배열을 다시 만들고 새로운 가지를 유도하는 일은 오랜 시간과 기술을 요한다. 그러나 중심이 되는 가지 몇 개를 원하는 방향으로 굳히는 것은 아주 쉽다. 철사걸이를 한 후 보통 1~2년 정도 지나야 가지가 완전하게 고정되는데, 성장이 빠른 식물은 고정도 빨리 되지만 수시로 확

◦ 중심 목대에 적절한 굵기의 철사를 감는다.

인하고 교체해줘야 상처를 막을 수 있다.

일단 교정이 필요한 가지의 길이를 측정하고, 그 길이보다 여유 있게 철사를 자른 뒤에 감는다. 이때 원하는 가지에만 감으면 가지를 교정할 힘이 부족할 수 있다. 따라서 철사를 처음 감는 부분은 단단하게 굳은 두꺼운 가지나 중심 목대(주지)를 택해 감아야 한다.

이후 원하는 가지로 철사를 감아나가면 되는데, 가지를 위로 올릴지 아래로 내릴지에 따라 감는 방향을 달리해야 한다.

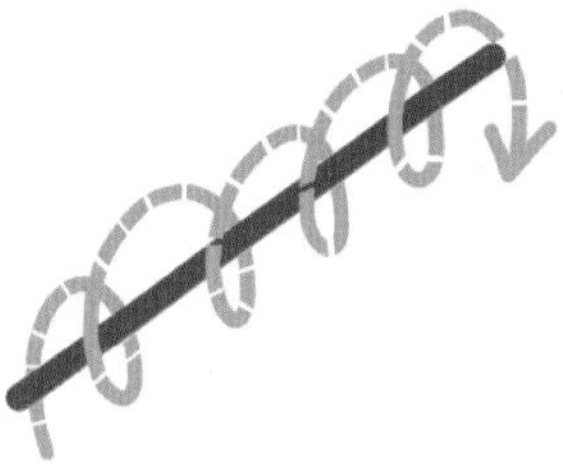

◦ 아래로 내리는 철사걸이 방향

◦ 위로 올리는 철사걸이 방향

가지를 아래로 내리려 할 경우 철사도 아래로 내리며 감고, 올리려면 철사를 올리며 감아주어야 단단하게 지지할 수 있다. 감는 방향이 이와 다르다고 해서 교정이 안 되는 것은 아니지만 방향을 지키는 편이 가지 방향을 잡고 교정하기가 수월하다.

가지가 가늘수록 굵은 철사보다는 가는 철사를 두 줄로 겹쳐 사용하는 것이 더 쉽고 안전하다.

소포라의 경우 가지가 위로 향하는 특성이 있어 철사걸이를 이용해 넓게 뻗을 수 있도록 교정해주었다. 수형은 개인의 선호도에 따라 어떤 방향으로든 만들 수 있지만 가지가 굳을 때까지 수시로 확인해 깊은 상처가 생기지 않도록 해주는 것이 좋다.

○ 철사걸이를 한 가지

○ 철사걸이를 이용해 수형을 교정한 소포라

블랙죠, 궁금해요!
1문 1답

Q 완전 초보입니다. 어떤 식물부터 키우면 좋은지 추천해주세요.

A 물론 개인의 취향이 제일 중요합니다. 본인 마음에 들어야 즐겁고 취미로 이어지니까요. 하지만 식물을 키울 수 있는 장소의 환경을 생각하지 않고 들인다면 오래가지 못하고 죽을 수도 있습니다. 그럼 다시 식물을 키워볼 마음이 생기지 않겠죠?

만약 거실 등 실내에서 키워야 한다면 관엽식물을 추천합니다. 스킨답서스나 스파티필름, 호야, 아이비, 금전수 등 수월하게 관리할 수 있는 식물로 시작하길 권합니다. 덩치가 좀 있는 식물을 원하시면 고무나무나 야자나무를 거실에 배치하는 것도 좋은 방법입니다.

해가 좋은 베란다가 있다면 철쭉이나 칼랑코에, 장미허브나 콜레우스도 무난합니다. 마당과 같은 야외에서 키운다면 율마, 로즈마리 등 관심 있는 식물 대부분을 쉽게 키울 수 있습니다. 다만 물이 마르는 것은 항상 주의해야 합니다.

Q 화원에서 식물을 사올 때 주의할 점이 있나요?

A 농장이나 화원처럼 대량으로 식물을 재배하는 경우는 해충의 완벽한 방제가 매우 어렵습니다. 그래서 구매한 식물을 집안으로 들일 때는 병충해를 항

상 확인해야 합니다. 혹 발견될 경우 다른 식물로 옮겨 갈 수 있으니 기존 식물들과 격리 후 방제 먼저 해야 합니다. 또 화분에 식재된 완성품보다는 식물과 화분을 따로 구매해 직접 분갈이를 하면서 흙 상태를 확인하는 것이 좋습니다. 작은 화분으로 시작해보시길 권합니다.

Q 식물을 키우면서 가장 힘든 점은 무엇이었나요?

A 사계절을 거치다 보면 때때로 힘든 점이 생기지만 그중에서도 손에 꼽자면 온실이라는 같은 환경에서 서로 다른 특성을 가진 식물을 키우는 것이 어렵고, 그걸 극복하기 위한 준비에 많은 힘과 시간을 들입니다. 또 낙후된 온실은 베란다에 비해 환경 변화가 매우 크기 때문에 식물마다 독립된 공간을 만들었으면 하는 바람입니다. 여름에는 폭염, 가을에는 태풍, 겨울에는 한파라는 자연 현상을 피할 수 없기에 그런 온실 환경에서 식물을 지켜내는 것이 제일 중요하고 또 어렵습니다.

Q 단골 화원이나 자주 구매하는 온라인 사이트가 있나요?

A 식물을 구매할 때 수형이 중요한 식물들은 직접 보고 구매하고, 그렇지 않은 식물들은 온라인으로도 많이 구매하는 편입니다. 집에서 가까운 꽃시장을 자주 이용하고, 간혹 화훼단지 등을 방문해 여러 식물들을 구경하고 구매도 하는 편입니다. 온라인은 정해두고 사지 않고 주로 검색을 통해 구매하는데 보통 심폴이나 엑스플랜트, 온플 등 대표적인 식물 온라인 오픈마켓을 이용합니다.

Q 토피어리같이 예쁜 수형을 만들려면 기간이 보통 얼마나 걸리나요?

A 제가 그동안 받아왔던 질문 중 가장 많은 것이 바로 '얼마나 걸리냐'인 듯합니다. 그 마음 충분히 이해합니다. 뭔가 결과물이 빨리 눈앞에 나타나면 좋겠지만 아쉽게도 그런 일은 벌어지지 않습니다. 보통 1~3년 정도면 상상하던 모습이 어느 정도 만들어지는데, 환경에 따라 기간은 너무나 다르기 때문에 정확한 답을 드릴 수 없습니다. 하지만 그거야말로 가드닝의 또 다른 묘미라 생각합니다. 생각했던 모습이 하루아침에 뚝딱 만들어지면 너무 허무할 것 같지 않나

요? 처음에는 좋을지 몰라도 아마 그만큼 금방 흥미를 잃을 거라 생각합니다. 그래서 저는 가드닝을 천천히 그리는 그림과 같다고 생각합니다. 점점 완성을 향해 가지만 사실 완성이란 없습니다. 미완성의 과정이 있을 뿐이죠. 가드닝은 정성과 기다림입니다. 조급한 마음을 버리고, 자라고 변해가는 모든 과정을 지켜보면서 몰입하고 즐기다 보면 어느덧 상상 속의 식물이 눈앞에 나타나는 기쁨과 성취감을 느낄 수 있을 거라 생각합니다. 그리고 우린 그 과정에서 식물과 함께 성장합니다.

Q 밖에서 키울 수 있나요?(노지 월동 되나요?)

A 우리가 화분에서 키우는 식물 대다수는 외국에서 도입된 품종입니다. 따스한 나라에서 왔다면 당연히 노지 월동은 어렵습니다. 우리나라에서 자생하는 식물이라 하더라도 땅에 식재된 경우와 화분에서 자라는 경우는 큰 차이가 있습니다. 식물을 들이게 되면 가장 먼저 자생지와 월동 온도를 꼭 체크하시고, 노지 월동이 가능한 식물이라 하더라도 화분 상태로 월동하려면 보온재 등으로 감싸주는 것이 안전합니다. 매년 기후가 변화무쌍한데 역대급 한파가 오면 확신할 수 없으니까요.

Q 물은 어떻게 줘요?

A 앞서도 얘기했지만 물 주기에 정해져 있는 주기란 없습니다. 식물에 따라 물을 소비하는 정도가 다르고 각자 식물을 키우는 환경이 너무 다르기 때문입니다. 항상 흙을 확인하고 물을 줘야 과습으로부터 식물을 지켜낼 수 있습니다. 또 물을 줄 때는 화분의 물구멍으로 물이 잘 배출되도록 충분히 주는 것이 좋습니다.

Q 흙을 재활용할 수 있나요?

A 분갈이흙도 오래 사용하면 수명을 다합니다. 성질이 조금씩 변하면서 굳기도 하고 수분을 흡수, 배출하는 능력도 떨어집니다. 분갈이 시기가 다가와 분갈이를 했던 흙이라면 재활용은 추천하지 않지만, 오래되지 않은 흙은 이물질을

잘 분리하고 비료를 적당히 배합해 다시 사용할 수 있습니다.

Q 냉해를 입은 것 같아요. 어떻게 해야 할까요?

A 각 식물이 버텨낼 수 있는 온도 이하로 내려가면 잎의 엽록소가 파괴되면서 냉해를 입게 되고 그대로 방치되면 동해로 죽을 수 있습니다. 또 주의해야 할 사항은 냉해를 입은 식물을 바로 온도가 높은 실내로 들이면 급격한 온도 변화에 적응하지 못하고 조직들이 고사하게 된다는 것입니다. 그러면 하루아침에 잎들이 검게 변해 떨어지고 심한 경우 식물 자체가 죽을 수 있기 때문에 서서히 온도 적응을 시켜줘야 합니다. 베란다에서 냉해를 입었다면 따스한 거실보다는 서늘한 현관 등에서 온도 적응을 시켜주세요. 식물은 자연환경에 잘 적응하지만 갑작스러운 변화에는 대처하지 못합니다. 이미 냉해를 입은 잎은 되돌릴 수 없으니 제거해주시고 물 주는 주기도 늘려주세요.

Q 분갈이는 대략 얼마 간격으로 하면 좋은가요?

A 화분에 뿌리가 가득 차 성장을 멈추거나 잎이 노랗게 변하는 현상이 나타날 때 해도 괜찮지만, 증상이 나타나기 전에 주기적으로 하는 것이 더 좋습니다. 분갈이하기 힘든 큰 화분이 아니라면 일 년에 한 차례, 봄에 하는 것을 추천합니다.

Q 공중뿌리가 징그러워요. 잘라도 되나요?

A 보기가 싫다면 잘라도 무방하지만 가능하다면 흙 속으로 잘 들어가도록 해주는 것이 성장에는 더 좋습니다. 또 일부 식물의 공중뿌리는 개체를 늘리는 번식을 할 때 빠른 순환을 위해 꼭 필요하기도 합니다. 튼튼하게 자리 잡은 공중뿌리는 남기고 나머지를 제거하는 것을 추천하지만 어디까지나 본인의 선택입니다. 공중뿌리를 자른다고 죽진 않습니다.

Q 식물을 밖에 내놨는데 잎이 다 타버렸어요. 어떻게 해야 하나요?

A 가을까지 실외에서 건강하게 자란 식물이라도 겨우내 실내에서 자랐다면

적응이 필요합니다. 갑작스러운 직사광선은 크게 자극이 되기 때문에 잎이 타들어갑니다. 봄에 그랬다면 큰 걱정은 하지 않아도 괜찮습니다. 놀란 마음에 실내로 다시 들이지 말고 상한 잎을 제거하고 그대로 실외에 두어도 됩니다. 이후부터는 강한 직사광선에 적응한 새순들이 나오면서 작년 모습을 되찾기 시작할 것입니다. 여름도 마찬가지지만 봄에 비해 시간 여유가 없습니다.

Q 식물이 콩나물처럼 길게 자라다 쓰러집니다.

A 지금보다 햇빛을 충분히 볼 수 있는 곳으로 옮겨주세요. 빛이 많이 부족하면 광합성량이 낮아지고 호흡량이 높아지면서 웃자라게 됩니다. 웃자란 가지는 잘라주고 해를 잘 보여주면 다시 건강하게 자랄 수 있습니다. 단, 환경을 바꿀 수 없다면 과한 물 주기나 비료는 피해야 웃자람을 최소화할 수 있습니다.

Q 큰 식물을 거실에 들였는데 잎이 하나씩 떨어지고 지금은 얼마 없어요.

A 농장이나 화원에서 자라던 식물들이 갑자기 실내 거실로 환경이 바뀌면 빛이 현저히 부족하게 됩니다. 빛이 없는 곳에서 많은 곳으로 이동하는 건 별문제가 안 되지만 반대 경우는 문제가 생깁니다. 환경 변화에 민감한 식물은 새 환경에 적응하기 위해 바쁘게 움직이고 불필요한 잎을 다 떨어트리기도 합니다. 이 시기에 과습으로 식물이 죽는 경우가 많으니 주의해야 합니다. 새로 나오는 잎은 빛이 부족한 실내에 적응한 잎이기 때문에 잎의 수는 적고 크기는 더 커지는 경향이 있으며 큐티클층이 발달하지 못해 얇고 힘이 없을 수 있습니다. 다만 적응이 다 끝나면 나름의 환경에서 다시 성장하며 자랍니다.

Q 가지치기, 꼭 필요한가요?

A 꼭 필요하다고 단언할 수는 없지만, 우리의 실내에서 식물을 키우다 보면 과도하게 풍성해지거나 길게 자라 결국은 가지나 줄기가 쓰러지는 경우도 있습니다. 수형을 만들어가는 가지치기가 아니더라도 꼭 필요한 경우가 있습니다. 너무 어렵게 생각하지 마시고 길게 자라 늘어지는 가지들만 반 정도 잘라준다 생각하고 해보세요.

Q 분갈이해줬는데도 새잎이 나지 않는 이유가 뭘까요?

A 뿌리를 정리한 분갈이를 해줬다면 새로운 뿌리가 자라 나올 때까지는 성장을 멈추게 됩니다. 뿌리가 화분에 어느 정도 자리를 잡고 수분과 양분을 원활하게 흡수하기 시작하면 새순이 자라 나오고, 성장 시기와 잘 맞으면 빠르게 성장합니다.

Q 어떻게 해야 목대가 빨리 굵어지나요?

A 양질의 해를 최대한 잘 보여주어야 합니다. 잎이 충분한 광합성을 하면 많은 수분을 요구하고 더 많은 양분을 뿌리로 전달해야 하기 때문에 자연히 굵어집니다. 주기적인 가지치기로 잎을 많이 만드는 것도 방법입니다. 다만 싱고니움 같은 외떡잎식물의 경우 부피생장을 거의 못 해 한계가 있으므로 키를 키우고 싶다면 식물체가 쓰러지지 않도록 지지대를 사용해야 합니다. 콜레우스 같은 쌍떡잎식물은 형성층이 계속 부피생장을 하기 때문에 어느 순간부터 지지대가 필요 없을 정도로 굵어집니다.

Q 외목대를 만들고 싶은데 키를 빨리 키우는 방법이 없을까요?

A 해를 잘 보여주고 충분히 광합성을 할 수 있도록 해주는 방법을 가장 추천합니다. 빛이 없는 곳이나 덥고 습한 곳에서 웃자라게 하는 방법도 있지만 식물체가 약해지기 때문에 추천하지 않습니다. 기다리기 힘들겠지만 과정을 즐겨보는 것은 어떨까요? 고온다습한 여름에는 빛을 어느 정도 차광해주면 웃자라는 속도가 빠르기 때문에 키를 키우기 좋습니다.

Q 식물 생활을 좀더 즐길 수 있는 방법이 있나요?

A 식물을 키우는 행위 자체를 즐기는 것이 제일 좋습니다. 물을 주고 빛을 쬐게 해주면서, 새순이 나고 자라는 과정을 관찰해보세요. 실패하지는 않을까, 식물이 죽는 게 아닐까 너무 걱정하지 말고 우선 시작해보고 하나하나 배워가는 것이 좋습니다. 식물을 관리하는 건 사소한 행위일 수 있으나 그 사소함에 정과 성을 다해보세요. 그것만으로도 가치 있는 일이 됩니다.

마치며

식물을 키우고 화분 수가 하나둘 늘다 보면, 잘 키워내고 싶은 마음이 앞서 집착 아닌 집착이 생겨나기도 한다. 십수 년 전 자동차에 집착하던 나는 관련 업체에서 일하며 온갖 부품부터 첨가물까지 셀 수 없이 많은 제품을 교체하고 사용하면서 연구했다. 하지만 이제 와 생각해보면 결국 자동차는 기본적인 소모품 교체와 정비만으로도 좋은 상태를 유지할 수 있다.

시중에는 국내 최고, 세계 최고라 자랑하는 제품이 많이 나와 있지만 정작 기본 성분에 충실한 제품에 비해 드라마틱한 효과가 있는 경우는 흔치 않다. 식물 또한 다르지 않다. 과대 광고에 마음을 빼앗기지 말고 기본에 충실하자. 올바른 물 주기와 분갈이, 그리고 적정량의 비료 사용만으로도 식물은 건강하게 자랄 수 있다. 좋다는 제품을 써보는 건 기본에 충실한 다음의 선택 사항이다.

지금까지 식물을 잘 키워내는 방법과 경험을 이야기했지만, 사실 우리가 취미 생활로 식물을 키울 때 무엇보다 중요한 것은 식물을 키우는 행위 자체에 몰입하는 것이다. 결국 이 한마디를 위해 글을 써 내려왔다고 해도 과언이 아니다.

다른 사람보다 식물을 잘 키우지 못하면 좀 어떤가? 식물 대회에 나갈 것도 아닌데 무엇이 문제란 말인가. 그저 식물을 좋아하고, 눈길을 주고, 새순이 나고 꽃이 피는 그 순간을 즐기고 사랑하면 된다. 더 잘 알아야 한다면 그건 식물이 잘 자랄 때 우리 몰입도가 더 높아지기 때문에 약간의 방법론이 필요한 것뿐이다.

식물을 키우는 사람들이 몇 해 사이에 부쩍 늘었다. 과연 이 한 권의 책이 얼마나 도움이 될지 모르겠지만 그간 혼자 공부하고 축적한 나의 경험이 누군가에게 작은 보탬이나마 될 수 있으면 바랄 게 없겠다.

식물, 같이 키우실래요?

1판 1쇄 펴낸날 2022년 3월 15일
1판 2쇄 펴낸날 2022년 12월 15일

지은이 | 블랙죠(이택근)

교정교열 | 심재경
경영지원 | 진달래

펴낸이 | 박경란
펴낸곳 | (주)심플라이프콘텐츠그룹
출판신고 | 2022년 1월 13일 제 2022-000020호
전 화 | 031-941-3887, 3880
팩 스 | 031-941-3667
이메일 | simplebooks@daum.net
블로그 | blog.naver.com/simplebooks

ISBN 979-11-977993-0-3 13520